大是文化　SENSE インターネットの世界は「感覚」に働きかける

人氣網站幕後的
感官操作

影片的某個聲音出現，你就從想跳過，
變成把產品介紹看完？視覺、聽覺、臺詞怎麼整合？
日本 TBS 電臺媒體研究機構所長幫你解析。

日本 TBS 電臺旗下媒體研究機構所長
堀內進之介

網路分析師、數位舞臺藝術企劃
吉岡直樹 合著

林佑純——譯

CONTENTS

推薦序

聲音總在不知不覺中，影響你的消費行爲

人氣 Podcast 節目《粉紅地獄辛辣麵》主持人、
圖文作家、課程講師／Vito 大叔

你相信嗎？我們的日常生活中充斥著各種感官行銷，它們無所不在，要如何透過「聲音」創造出強大的影響力，更是近年來所有品牌業者不斷致力投入的一個研究項目。

自從一九八九年網際網路問世之後，隨著智慧型裝置的日益普及，以及網路速度不斷提升，臺灣的數位媒體也一路從個人新聞臺、部落格、臉書（Facebook）、LINE、Instagram、YouTube，到最新的 Podcast 聲音頻道。

我們正處於史上資訊最混亂的時代中，卻也站在無限可能的新市場裡。究竟該如何透過有效的感官行銷，讓品牌在競爭激烈的消費市場中成功脫穎而出？在《人氣網站幕後的感官操作》這本書裡，提供了非常多值得你我參考的案例及方法。

無論是英國航空（British Airways）大獲好評的「聲波調味法」（sonic seasoning）、每位 YouTube 百萬網紅獨特的「音效漲粉法」，或是電玩遊戲裡每個角色出場時的「聲音表現法」，只要消費者的耳朵還空著，數位音訊及聲音行銷的市場將會持續不斷增長，並搶攻我們的注意力！

聽覺最大的優勢在於潛移默化所帶來的親切感。每一天從起床開始，當你走進超商大門購買第一杯咖啡時開門的叮咚聲；進入捷運站搭車刷卡感應時的嗶聲；抵達公司後打開 Mac 電腦的啟動聲；接到 LINE 訊息時的提醒聲；下班剛踏進家門聽見的垃圾車廣播聲……這些人為設計的聲音訊息，都在不斷影響著你跟我的思考、行動、以及判斷。

聲音會自動引發消費者的聯想，無論是透過品牌名稱的唸法、品牌音樂的鋪陳、或是品牌音效的提醒。在不知不覺中，聲音總能在關鍵時刻發揮作用，成功影響你做出意想不到的各種消費行為。

當你學會了如何精準掌握聲音的頻率、節奏、以及音量技巧之後，就可以有效應用在每個日常生活的環節當中。舉例來說，當我主持 Podcast 節目時，只要刻意改變自己的音調及語速，就可以營造出截然不同的節目氛圍，達成出乎意料的節目錄音效果。

最後，讓我們一起學會書中列舉出的所有技巧，共同透過聲音創造出更大的影響力吧！

前言

從視覺到聽覺，感官行銷正在改變

網路上熱門的串流服務，到底哪裡厲害？

在「小學生夢想職業排行榜」中，YouTuber 儼然已成為熱門的新興職業。從網飛（Netflix）的全球影音串流平臺，到個人拍攝上傳的各式影片，只要想想看，隨時隨地可以拿起手機觀賞，也不用花費高額成本製作，現已成為企業及個人過去無從想像的重要資訊來源，沒有任何一家公司，會忽略這麼強勢的銷售宣傳管道。

但是，在影片等企劃製作上，別說是沒什麼經驗的人了，有時就連經驗豐富的電視人所拍攝出的影片，觀看次數也差強人意。網路上的行銷企劃，與過去我們所熟知的銷售、市調等方法相比，完全是兩個不同的世界。

近年來，在國外數位行銷的世界裡，「感官行銷」（Sensory Marketing）一詞深受矚目，這是一種透過刺激我們的五感，影響我們的知覺、行動的行銷方式。

過去的網路環境較偏重視覺。感官行銷就像開啟了另一扇通往聽覺、嗅覺等其他感官的大門，並在相互輔助之下，讓其更具協調性，詳情會在本書中提到。這種思考方式，也為近年的數位環境迎來了一些變化及解方。我們能告訴各位，若是堅持採取過去的思維模式，便無法充分理解現今的網路世界。

在網路世界裡，需要適時以感官的角度來分析、思考。即便不是在網路，像超商或餐廳播放的音樂或音效，也會產生影響力，並改變我們的行為模式，所以，無論你是使用者，或是站在行銷策略的立場，我們都應該掌握感官對我們產生的任何作用。

- 牛丼店、便利商店播放的音樂有什麼用意？
- 柯達（KODAK）、勞力士（ROLEX）、雪肌精（KOSE）、巴黎萊雅（L'Oréal Paris）共同的全球策略在於品牌名稱。
- YouTube 影片為何從「隨時隨地都可看」，演變成「只有現在聽得到」的直播模式？
- 不管美國或日本，為什麼溝通能力滿點的辣妹們，都有獨特的發音及說話語調？

從感官的角度來看，就會比較容易理解上述的議題。在本書中，也會說明其他議題，詳情請務必參閱書中內容。

從過去的網路環境來看，使用者的焦點是從文字轉為圖像，再從圖像轉變成影片，表現型態也逐漸擴增，這些資訊型態都屬於視覺情報，聲音只是一種附加的表現手法。

這邊需要特別留意一點，以前網路資訊偏重視覺，不是因為這樣對使用者來說比較方便或高效率，只是單純受限於頻寬、記憶體容量、CPU的播放效能等技術層面的因素。簡單來說，就只是技術上無法提供其他的感官情報而已，例如，以前的影片沒有聲音，因此，製片者無不致力於如何讓沒有聲音的影像，也能呈現出律動感。

但到了這個時代，就在這短短數年間，我們周遭產生了戲劇性的變化：網路頻寬增加為5G、智慧型手機的處理性能飛躍性成長、人人一副無線藍牙耳機。跟致力於剪輯無聲影片的時期相比，現在已經可以在搭乘交通工具時，利用手機觀看抖音（TikTok）或網飛的影片，變化程度可謂十分驚人。

在技術進步的同時，市場也在短期間內大幅震盪，主要原因在於，現在不再受到技術層面的限制，能充分活用視覺以外等其他的感官要素。使用者也同樣敏銳感受到市場的變化，並對可以完美協調感官的媒體產生強烈興趣。

即使現代重視感官行銷，在網路世界這個主戰場，也很難立刻導入五感體驗（雖然目前已在元宇宙進行各種實驗）。目前最重要的一項感官元素，就是聲音，如何活用它，是在網路世界裡致勝的關鍵。

本書其中一位作者，致力於研究改善人類能力的科技技術；另一位作者則是透過使用者觀點，來進行活用、設計資訊的專家，兩人同時也是日本TBS電臺旗下的研究機構——Screenless Media Lab. 的研究員。

此研究機構，利用認知科學及資訊科學，研究出適合現代環境的傳達資訊方式，以及各項節目的製作手法，也協助許多企業製作媒體內容，或輔助企業活用音訊。

本書第一章，將分析在這個資訊飽和的時代，消費者最原始的需求，以及以訂閱制為主力的企業所付出的努力與失敗。我們同時可以發現，現今消費者已經越來越不會去「選擇」了。

在第二章，我們將一窺網路上的新興產業，實際舉例超人氣 YouTuber 及 VTuber（按：以虛擬形象在網路影片平臺上傳影片或直播的創作者），並進一步了解，人類多麼經不住感官上的刺激，也突顯出前面所提到的聽覺，也就是聲音的重要性。

第三章將帶各位前往商業界的第一線，了解聲音如何被活用，人們又會對其產生什麼樣的反應。

第四章，我們將從廣告短片和廣播劇，以及幫助設計聲音介面的經驗中，實際介紹聲音如何融入數位節目，包括具體的製作方法、改善方針等。

在資訊爆炸的時代，我們應該如何面對數位世界？本書能幫助你了解在網路世界中漸趨重要的感官力量，並藉此聚焦數位科技的未來趨勢。

CHAPTER 1

產品差異不大，買哪個都沒差

1 三大因素，顧客不再買買買

現在是一個商品賣不出去、物質過剩的時代。這也不能怪商人不夠努力，企業總是想方設法，盡可能開發能促進購買欲的產品，也努力打造方便購物的環境，即便如此，銷量還是很有限。

在進入網路的話題之前，我們先透過這個小節，一窺現代消費者所面臨的境況。

為什麼東西賣不好？有些人可能會反應：「因為薪水都沒漲。」在經濟成長遲緩的大環境下，個人消費的低迷恐怕也是原因之一，只不過，從市場的角度來看，商品賣不出去的背後，必定有根本原因。

自我中心化，對其他漠不關心

站在企業方的立場，你可能會想：「我們這麼努力開發新商品，為什麼就是賣不出去？」但是，站在消費者的角度又是如何？當我們突然被問到：「你最近想要買什麼東西？」是不是一時之間也答不出來？衣服買快時尚品牌就夠穿，吃東西也花不了多少錢，還有速食可選，生活用品只要去百元商店買就好……這樣的人越來越多。

相關的數據檔案，也忠實呈現出這一點——缺乏購物欲的時代。舉例來說，管理諮詢公司埃森哲（Accenture PLC）自二〇〇五年以來，以世界各國的消費者為對象進行調查。結果顯示，**包含日本等先進國家的消費者，對商品的執著度有逐漸下降的趨勢**（見第十九頁圖），相關資料也指出，**過去較被動、聽話的消費者，經歷自我中心化後，現在正逐漸對任何事都漠不關心**。

這點稍微回顧一下歷史便可得知。在物質不夠充足的年代，只要出了新產品，大家就會趨之若鶩；在家用車不普及的時代，只要出新車就會大賣；電腦稀少的年代，只要出了新型號就會熱銷。過去，消費者為了購買電腦作業系統「Windows95」，而在店家外大排長龍。

隨著各式各樣商品的普及，消費者也膩了，畢竟家裡也不需要那麼多臺汽車跟電腦，埃森哲將這樣的市場變化，稱作消費者的自我中心化。

自我中心化的消費者，接下來又會採取什麼行動？他們想要自己才有、專屬於自己的產品。

以家用電腦來說，就會想依照自己想要的硬碟或記憶體容量，組一臺客製化電腦；穿著打扮方面，以前只要平價就好，現在則不想跟別人穿同樣顏色的衣服，優衣庫（UNIQLO）為了應對這樣的顧客需求，近年來，同樣設計的衣服，也會推出多種顏色。

企業為了應對消費者的自我中心化，而推出商品企劃、調整生產體制，但現在碰到的狀況是，消費者缺乏購買欲。這不僅是日本，也是所有先進國家共

消費欲與忠誠度的關聯性

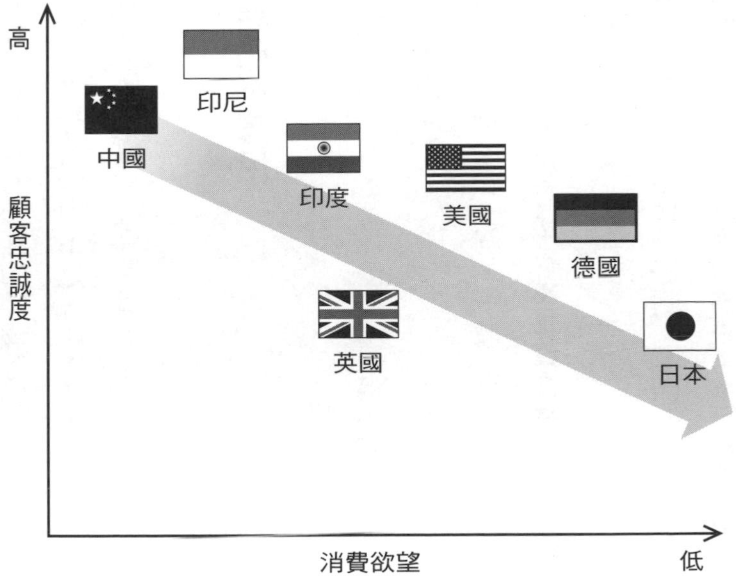

出處：以埃森哲的「全球消費者調查」為參考製成。
https://www.slideshare.net/Accenture_JP/ss-79754137。

同面臨到的問題，就算是在工資有上漲的美國等國家，也同樣很難售出商品，日本的情況則是因為消費者經濟能力不足，所以賣不出去，這裡頭似乎還有與景氣無關的因素，需要更加深刻來看待這個困境。

顧客至上，這句話已不管用

許多企業都在感嘆商品難賣，為什麼市場會變成這樣？為了找出解答，我們要先了解企業如何銷售商品。

日常生活中經常聽到「行銷」一詞，一般來說，行銷就是充分理解顧客的需求，提供可以滿足客戶的解決方法。**滿足買方需求，可說是行銷的策略核心**，也是基本概念。

有位經營學家曾在一九七〇年代時提到：「顧客正是所有行銷活動努力的宗旨，我們應該聚焦於顧客。」了解客戶需求，是行銷策略中的基礎，現代也是採取這種思考方式。

比方說「AIDMA法則」，以它為基礎，進而衍生出了「AISAS」、「AISCEAS」、「AIDCAS」等概念。我們沒有必要特別去記，但這些模式，說明了所有消費者從認知某項產品到購買的過程。

你有注意到他們都是A開頭嗎？A是指注意（Attention），說穿了，**要讓顧客認知到一項商品，必須先吸引他們的注意力**。為此要先設法理解顧客最關心什麼，任何一本行銷策略的書，在開頭都會提到這件事。

行銷策略的歷史軌跡，就是提升對顧客的理解，優化分析消費者行為。**但是，近年就連這種做法都不適用了**。不管如何分析消費者行為，即便推出廣告與各種資訊吸引消費者的注意力，商品依舊沒人買。

特別是在數位技術的發展下，已經可以統計出有多少人是因為看到廣告而購買，廣告效益一目瞭然，各大廣告企業也被迫面對效果薄弱的現實，數據殘酷的指出過往行銷手法已達到極限。

產品都差不多，買哪個都沒差

為什麼過去的做法在現在已失效？顧客的漠不關心是其中一項原因，但這也讓我們更深入探討，過往做法無法發揮效果的因素，我們認為**有三個最主要的原因：缺乏物欲、選擇障礙、理解困難**。

首先是「缺乏物欲」。正如字面上的意思，就是無法產生購買欲望。前面也有提到，現代消費者的基本需求已被滿足，在物質幾乎飽和的狀態，越來越少人想擁有原本沒有的東西，基本上只剩下購買替換品的需求。

第二種「選擇障礙」，是由於市面上已有太多品質優良的商品所導致。現代產品與服務品質已經提升到極致，結果就是，無論選擇哪種商品，都不會有太大的差別。**當產品與服務水準沒有巨大差異，消費者就容易搖擺不定**。例如杏仁巧克力，無論是哪家公司出的杏仁巧克力，味道跟價錢幾乎差不多，除非執著某一項特色，不然只要是杏仁巧克力，就都很類似，我們曾問過相關人員，他們也認為產品缺乏關鍵性的差異。

在這種情況下，假如哪家企業想掌握市占率，就只剩削價競爭。不過，萬一真的採取這樣的手段，也等於是自斷後路。於是，沒有企業能積極攻占市場。當然，也可以利用季節限定商品等定期補強措施來刺激消費，但這樣也很難改變市場。站在消費者的立場來說，每一項產品都大同小異，價格也不相上下，沒有吸引人購買的條件。

大創（DAISO）等百元商店崛起，也與消費者的選擇障礙息息相關。

百元商店一家接著一家，背後其實代表產品品質的統一化。現在許多消費者覺得，超市賣五百日圓（按：本書日圓兌新臺幣之匯率，依臺灣銀行二〇二三年四月公告均價〇．二三二元計算，約新臺幣一百一十六元）的花瓶，跟百元商店賣的花瓶幾乎沒什麼差別。當然，仔細比較之下，品質一定有差，但要是沒差太多，消費者就會選擇到百元商店購買。百元商店崛起的關鍵不在於商品的選擇性，這也象徵現今市場，除了價格以外，都無法實現差異化的絕佳佐證之一。

第三種是「理解困難」。正確來說，是指無法理解超規格的品質水準。

企業一直致力於研究開發優於競爭對手的產品。只不過，許多產品的規格已十足優秀，為了推出新產品而衍生出的新功效，已經大大超越了消費者所能理解的範圍。

例如洗衣精，一般人應該都不清楚新產品跟之前的有哪裡不一樣，雖然知道研發的等級不同，但消費者只會覺得「好像很厲害！」難以成為他們選購新產品的動機。

若是洗衣精那還好說，可能用過一次就能發現效果有差，但家電或服務型產品就不一樣了。有個詞叫做「五%的困境」，就是在IT（資訊產業）相關服務中，消費者實際上只會使用到五%的功能，剩下的九五%根本用不到。為了拉大與同業的差距而加入新功能，卻無法讓消費者實際利用，反而是一種浪費。任何地方都有這種消費者，並不限於特定的業界。

消費者在購物上的三種困境

缺乏物欲

↓

物質生活已趨近飽和，難以激發他們的購物意願。

選擇障礙

↓

由於物質過剩，無論選哪種商品或服務，都沒有太大差異。

理解困難

↓

無法理解商品超規格的品質。

在這三種原因下，相信各位也發現，企業就算願意傾聽消費者想要什麼也沒用，他們面對的是物質充裕、擁有大量相似產品的市場，而且一般人無法理解產品之間的差異，所以即便進行調查，也無法挖掘出對企業有益的資訊，就算正確理解消費者的現況，也無法實際促成他們的消費行為。

推薦蔬菜汁給喜歡喝可樂的人？

用稍微專業一點的講法，滿足消費者的偏好，是十幾年來都通用的行銷策略。如同字面上意思，偏好就是個人的興趣和喜好，但這裡指的不是單純的喜歡，而是能實際促成購買行動的愛好。舉例來說，假如推薦可口可樂的新商品給平常就在喝可樂的人，那個人一定會很樂意試且充滿興趣，這就是滿足消費者偏好的做法。

口渴時有可樂喝，當然令人高興，但也不可能當場喝掉兩、三瓶，在喝完第二瓶之後，顧客會因厭倦而降低滿足感，這在行銷用語中稱作「邊際效用遞減」（The Law of Diminishing Marginal Utility）。

再怎麼喜歡或想要，一直得到重複的東西也很難讓人高興起來，反而會造成反效果，久而久之，也會對製造廠商造成負面影響，因為消費者一旦厭倦，市場便會因此縮小，他們不願意再購買新產品，甚至不會再花錢買原本喜歡的商品。

企業該如何突破這樣的困境？過去會失敗，是因為企業一味追求消費者的喜好導致，**所以要採取和之前不同的方向，聚焦在消費者認知範圍外的事物**。

過去的行銷手法，會極力推銷其他種類的碳酸飲料給喜歡可樂的人，但不曾向喜歡喝可樂的人，推廣蔬菜汁或喝的保健食品等，或許其中有人嘗試之後，就會喜歡喝蔬菜汁也說不定，只不過大家從未正視這種可能。

讓消費者肯購買喜好以外的產品

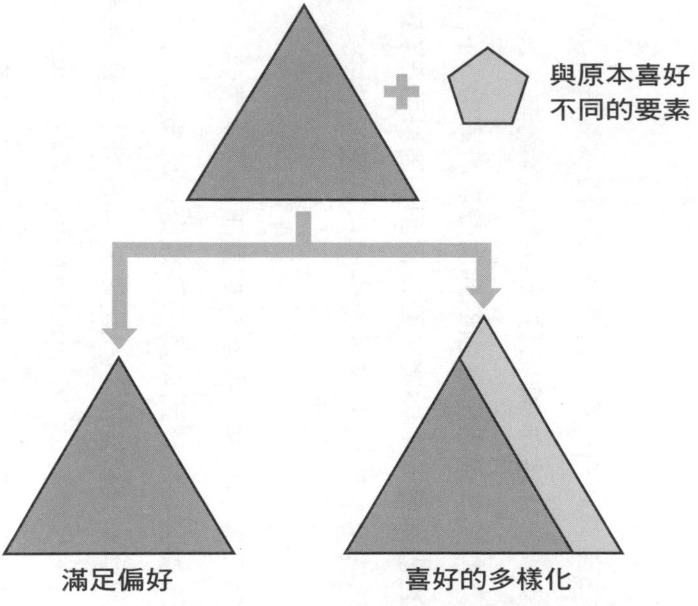

假如消費者能接受與過去偏好相近、卻不同的產品，就能成功拓展消費者的偏好。

最引人矚目的策略：讓消費者一見鍾情

具體來說，企業該怎麼做？談到消費者認知範圍外，你可能會覺得很抽象，但各位一定也曾有過類似經驗：明明不知道喜不喜歡，卻還是買了。就從企業的角度來說，這就是讓消費者不自覺做出購買行為的策略，在這個就算符合消費者偏好，也不見得會買單的時代，無論顧客是否真正喜歡，也要想辦法讓他們一眼就想要。

舉例來說，廣告上寫著「第二件免費」跟「買兩件半價」，雖然付的錢一樣，但「第二件免費」感覺就是比較便宜；保健食品上會寫，「添加某某成分三百毫克」，但絕對不會寫「添加三公克」，明明添加量都一樣，但前者給人的印象卻明顯較多。

之前經常在網路上看到「免費、試用品、立即申請」等宣傳廣告，不過，最近似乎漸漸被「免費、贈品、立即領取」的句子取代。對想領試用品的消費者來說，這兩句文案都會促使他點擊廣告，但後者的說法會讓人覺得，就算什麼都不做也能得到好處，比較吸引人。

我們的日常生活中有許多這類例子，不試圖滿足顧客偏好，而是以一眼就心動為目標，**讓顧客從選商品（主動），到被商品吸引而買單（被動）**。

有意識到消費者認知範圍外的企業，也開始陸續採取忽視消費者偏好的行銷策略。

聲波調味法，飛機餐變好吃了

前述提到的是人類有意識去判斷資訊的一種方式，但我們的行動跟選擇，會在不知不覺間受到各種影響，特別是從視覺或聽覺等來自五感的訊息，更是會左右一個人的判斷能力。

有些人看到這裡，可能會覺得有點扯，但其實已經有企業建立了一套實際系統可供佐證。英國航空在機艙內導入「聲波調味法」，簡單來說，就是**用餐時，透過聆聽不同類型的音樂，來影響味覺的一種技術**。

據說氣壓會影響人的味覺。當人們處於氣壓較低的高空，便比較嘗不出鹹味跟甜味，甚至有調查指出，在這種情況下，人們的味覺會降低三成左右。所以，在地面上足以勾動食慾的料理，到了飛機上時，容易變得索然無味。因此，各大航空公司致力於改良飛機餐的調味，例如更換調味料，或是把味道做得更濃一些。

英國航空除了調整飛機餐的口味，還會在頭等艙的乘客用餐時，播放適合料理的音樂。據說聲波調味法的低音，會強化食物的苦味，高音則會加強食物的甜味，有的音樂甚至還會突顯出碳酸的氣泡感。所以，若要在飛機上提供口感較嗆辣的香檳時，就會搭配低音及能突顯氣泡感的音樂。

根據調查結果，有乘客表示：「英國航空的飛機餐，比其他家的好吃。」有些人可能會覺得：「應該是料理本身就很美味吧？」但其實英國航空跟日本航空（Japan Airlines，簡稱ＪＡＬ）的飛機餐，皆是由同一家廠商製作。這是人類的感官知覺，會因為環境而發生變化的例子之一。

另一項案例是美國的流行服飾品牌Ａ＆Ｆ（Abercrombie & Fitch），他們也是利用人們的感官，藉此掌控消費行動。

A＆F會特意在店內播放高分貝音樂，有些店鋪的音量甚至高達九十分貝，就像有把電鋸在你面前轉動一樣。年輕人就算了，中高年齡層的長輩應該無法忍受這樣的音量，但這正是Ａ＆Ｆ的策略。為了讓年長者覺得「有點難走進這家店」，藉此讓年輕人以外的客群主動迴避，維持品牌形象。

即便如此，企業仍束手無策

相信各位已經充分理解，在這個產品賣不出去，消費者還逐漸喪失購買欲的市場環境下，企業如何藉由駭入人們的感官，影響消費者的行為。尤其現代網路的普及與通訊速度加快，比過去更能實現這些做法。

現在的購物行為也不僅限於實體店鋪。對現在的年輕人來說，網路購物已經是日常生活的一環，只在網路買東西的人更是不少。越年輕的消費者，越會透過網路取得購物的相關資訊。

企業在投放廣告或重點資訊時，也逐漸開始正視網路行銷的重要性。網路上除了技術面的進步外，可以提供更多、精準度更高的視覺、聽覺等感官資訊。過去由於連線速率的限制，網路只能傳輸文字情報，但現在可以透過聲音和影像傳達各種訊息，如此更能引導出人們潛意識的反應。

不過，我們在開頭也曾提到，不是所有企業都能充分活用這樣的環境。許多企業雖然知道原本的行銷策略無法打動消費者的心，但也無法有效掌握利用感官發揮影響力的做法。

2 選擇太多，反而成爲負擔

稍微瀏覽一下現在的網路環境，就可以發現其中有各式各樣的商業模式，特別是在智慧型手機平臺，幾乎每天有新的 App 出現。當然，用戶即使下載，也不一定會經常用，但在激烈競爭之下，企業無不絞盡腦汁，只為了讓客戶選擇自家的 App。

企業這類相關策略，一般被稱作智慧型手機上的「注意力經濟」，是一場相互爭奪消費者關注的競賽。

由於網路的普及，使我們所能得到的資訊量爆炸性增長，但每個人的時間、注意力有限，因此，**注意力被企業視作有價值的稀有資源**，市場為了獲取關注，而展開猛烈的競爭。但我們認為，現今所發生的網路服務攻防戰，與注意力經濟的觀點仍有差異，只靠吸引關注來銷售商品，已經達到極限。

目前更重要的課題是，該如何與被動且缺乏物欲的消費者產生連結。已經有幾家企業察覺到這個事實，而光是意識到這點，幾乎已經贏在網路商機的起跑點，之後再聚焦這個課題，就更能發現其中的問題點。

注意力經濟這種商業模式，是為了吸引有購買欲的消費者，所以即使想盡方法引誘缺乏物欲的人，也無法促成購買行為，好比原本就不打算買車的人，就算看再多廠商主打的廣告，也沒什麼意義。

假如沒有先思考該如何打動沒有購買欲的顧客，就容易錯判情勢；反之，若能掌握他們在想什麼，應該也可以找出新型態的行銷手法。

盡可能讓消費者不用做決定

我們先來看看，特別懂得跟缺乏物欲的消費者打交道的企業吧。

這些企業有幾個共同點，第一，他們不會嘗試提升顧客的購買意願，他們在開發產品時，就已經朝這樣的策略方向行動：「既然顧客缺乏物欲，也不想決定，我們就為他們減少這些不必要的麻煩。」什麼意思？就是減少所有讓消費者覺得麻煩的項目，**極力減輕消費者的負擔，盡可能不讓他們下決定**。

各位看到這裡，可能會覺得哪有人要買東西卻不做決定，但這樣的商業模式其實非常普遍，訂閱制與小額付費等常見的網路服務就是最好的例子。在這節中，會舉出這些服務，說明企業如何減輕消費者的選擇負擔。

過去，相當多的商業模式會運用鎖住顧客策略，但「減輕顧客的負擔」卻是一項全新模式。為什麼訂閱制這麼流行？為什麼有些企業能成功，有些卻失敗？訂閱制將近飽和狀態的市場現況，為何令人感到憂心？

從結論來說，要完全替消費者減輕負擔很難，而且現今的網路服務甚至因為太重視這一點，反倒限制了其他發展。無論多受歡迎的產品，都可能遭遇這種狀況。從個人選擇的角度來看，不難看出現代商業模式的極限。接下來，就讓我們看看實際的市場案例。

平臺架構相同，如何吸引別人用我的？

首先，讓我們初步了解鎖住顧客的運作模式。此方式常見於品牌中的系統平臺，例如亞馬遜（Amazon）的網站架構。

網站平臺代表使用網站服務的基本規則，也是各大品牌商品的陳列架。網路上有無數個購物網站，不過在陳列商品、提供搜尋功能、按下按鈕就能完成購物的結構上，都沒有太大差異，這些功能皆承襲自亞馬遜這個先驅，而此網站架構則被稱為系統平臺。

由於系統平臺是整個網站的基礎，因此必須與競爭對手做出區隔。在商業界中有分創始者和繼承者，當某一家企業提供的服務成為平臺標準，其他追隨而來的企業，基本上會選用相似結構，因為如果做的跟原本習慣的服務架構完全不同，消費者就會覺得麻煩，便不願意嘗試使用，為此必須延續創始者所制定的規矩，但這才是問題所在。

為了提升消費者的使用意願，企業會選用創始者所建立的系統平臺，也就是跟其他競爭對手極度類似的平臺架構，但如此一來，會員的流動率一定很高，所以想從基礎架構留住客戶，本身就有難度。

既然難以和其他企業做出區隔，那該如何不流失消費者？**網站上的紀錄，就是防止會員流失的重點策略**。例如，像 Gmail 和雅虎信箱，都是提供免費電子郵件服務，信箱裡的功能和架構十分相似，使用者可以隨時使用不同信箱，但難就難在過去的信件紀錄跟寄件人資訊，很難跟著全部轉移到不同地方。

日本有個叫做 note 的媒體平臺，可以像部落格一樣發布個人文章、圖像、影片、音訊等，甚至可以販賣自己寫的資訊。不過，目前不是所有功能都有轉存（輸出）功能，這麼做很可能是為了抓住原有用戶，不讓他們轉跳到其他平臺，但這麼做，就等於在 note 寫的文章，永遠不能轉出去，反而成了

note的致命傷，有些人會因此猶豫要不要繼續使用，或是乾脆選擇離開。

這些紀錄到底屬於誰的？這個問題確實值得議論，而以現況來說，資訊紀錄是屬於企業的，例如消費者的購買紀錄，屬於購物網站的資產。但近年來，國外也逐漸出現使用者情報屬於用戶本身的想法。所以，想要透過紀錄來抓住客戶的策略，目前仍是未知數。

訂閱制滿足三個條件，就能熱賣

接下來讓我們進入正題吧。

主動為消費者減輕負擔的商業模式，指的是哪方面的策略？說到底，在訂閱制服務中，到底為消費者減輕了哪些事？

先說結論，訂閱制減少了一般用戶在選擇上的負擔。各位回想一下，在沒有串流平臺的年代，我們租借影片時，主要會面對以下三種選擇：

1. 品味（理解）影片的內容。
2. 根據租期調整觀賞影片的時間。
3. 判斷是否要租借影片。

而提到訂閱制串流平臺時，大多數人覺得可以迴避掉第三項。當有想看的電影時，不用只單獨租借一部，而是透過月繳的方式，隨時自由租借影片，也不必一一支付款項。

選項一到三中，哪些能被簡化甚至省略？

1. 價值判斷：選擇要看哪部影片。
2. 開始時間：決定何時觀賞。
3. 付款步驟：判斷是否需要租借。

在網飛這類串流平臺上，完全可以省略選項二、三。只要加入會員，就可以隨時、無限收看架上影片，而且就像剛才說的，由於是月繳制，便也可以免除後續重複付款的麻煩；平臺本身的架構，能為用戶省略選項二和三的步驟。

只不過，訂閱制還是無法完全免除選項一：選擇觀看哪部影片。

有加入網飛和同類型的 Hulu、Amazon Prime 等串流平臺會員的人應該知道，要看什麼影片，最終還是由消費者決定。

各位應該也遇過類似狀況：近期看的那部電影雖然蠻有趣，但看完就不知道下一部該看什麼，總之就先點進去看看，但最後還是看不到結局就放棄了。為了應對這樣的狀況，企業也透過一些功能，設法為選擇意願較低的用戶減輕負擔。

網飛和 Hulu 等串流平臺，其實原本是線上租借ＤＶＤ的平臺，也就是主打資料庫服務。不用專程去蔦屋書店，待在家裡就可以從大量的電影清單中選擇自己想看的作品、過去的影視作品看到飽，這是他們最大的優勢，但也因為

減輕消費者的選擇負擔，就能成為熱門商品

1 不需要思考要看哪部。

2 隨時都能觀賞。

3 月繳制，不用想是否要花錢租借。

作品數過多，反而讓用戶無從下手，所以，這些企業主動向消費者推薦作品，積極製作各類原創影集。

雖然陸續公開原創作品，並未發揮當初資料庫的功能，但用戶習慣這樣的環境，也樂於接受原創影集，已讓各大串流平臺，普遍將部分收益用於投資原創作品中，如此一來，原本的資料庫功能，自然就更不受到重視。

用戶忙著觀賞熱門原創作品，新作也逐漸超越舊作。然而，製作原創影片需要時間、高額成本，不容易穩定產出，假如用戶只用原本的資料庫觀看影片，對企業而言一定比較輕鬆。但是，現在的用戶期待能看到全新作品，這種氛圍反而造成消費者的期望與現實有落差，導致企業逐漸流失客戶。

為什麼網飛開始放棄幽靈會員？

面對這樣的現況，企業該如何因應？**最好的方式，就是刻意放棄、不阻止**

顧客離開，讓用戶選擇其他競爭企業，最終再主動回歸。

不少人可能會驚訝：「有必要刻意放棄嗎？」以網飛為首，有不少企業已經展開這類做法，最經典的例子，就是網飛主動放棄幽靈會員。

對企業而言，平常沒有使用卻願意持續付費的幽靈會員其實相當寶貴。不僅不會為系統帶來負擔，也不需要花費其他行銷成本，就能定時產生收益。所以，平臺沒事也不會特別通知用戶：「你這個月會白繳會費喔！」許多企業還會設計複雜且麻煩的解約過程。

因此，刻意放棄這些會員，從留住客戶的角度來看，確實令人費解。但網飛會主動寄給一年以上沒有登入，或是兩年以上沒有使用服務的會員，確認是否續約。

為什麼他們願意主動放手？因為提高用戶加入或脫離的自由度，對企業本身也有好處。即使消費者使用其他服務，仍都屬於同一個共生圈，因此也關係到服務形態本身的永續發展。

假設用過去以注意力經濟為主的行銷市場來看，當網飛用戶發牢騷說：「最近已經找不到什麼想看的影片了。」我們會說是因為企業無法滿足顧客需求。但現今的消費者普遍缺乏物欲、選擇障礙、理解困難，從這個角度來看，當消費者有過多選擇，開始缺乏動力、已經感到滿足而不想決定，或是無法認同更多價值時，企業就會認為這種消費者有問題。

水不流動就會混濁。說得極端一點，有問題的不是影片，而是消費者自己。「假如心存不滿，您可以移駕到其他平臺，要是之後有想看的作品，歡迎再度回歸。」這便是網飛的想法。

與其讓他們當幽靈會員，不如讓他們有接觸其他服務平臺的機會，等之後用戶覺得：「最近那個平臺新上的影集好像很有趣，我回去重啟會員好了。」再充分掌握回流商機，比起他們對業界本身的機制感到厭煩，這種做法反而對公司最有益。

只要用戶還待在共生圈就沒問題

用戶在不同平臺間轉移的過程，能將因服務而產生的不滿抑制在最低限度，還可以獲得一定程度的滿意度。所以，最聰明的做法是刻意降低會員門檻，及後續解約複雜度。

目前在所有平臺上的影音訂閱服務，狀況都十分相近，沒有某一家企業獨大。與其緊抓著用戶不放，適度放手，反倒能產生更大利益。

Hulu、網飛、Amazon Prime、Disney+ 等線上串流平臺，雖然隸屬不同企業，但現今「屬於同個共生圈、同個服務群」，才是存活下來的關鍵思維。

我們將這種共生圈稱作串流服務鏈（見第四十八頁圖），就是服務提供商（影音串流平臺業者）相互聯動的狀態。

在串流服務鏈的共生圈中，企業不會將使用者對平臺或影片的不滿，視作服務問題，而會歸為用戶本身的問題。可是串流服務鏈也有麻煩之處，當業界建立共生圈，即使能有源源不絕的用戶，企業也需要有雄厚的資本與實力，才能待在服務鏈，結果就必須像網飛一樣，得持續推出原創影片來吸引用戶，除此之外，還必須擁有足以與GAFA（Google、Apple、Facebook、Amazon）匹敵的內容，若是沒有充足的資金且掌握一定程度的全球網路資源，恐怕難以在其中立足。

所以，目前要加入串流服務鏈，門檻仍相當高。單體用戶難以長期定居在同一個平臺，在共生圈中的企業，也必須持續推出熱門原創作品，不少企業也因製作原創作品導致成本增加，最終不得不調整會費。

為了幫助消費者不用思考要看哪部影片，而衍生出的原創作品，現今已成為各大串流平臺企業的枷鎖。話說回來，原創作品的數量暴增，用戶還是會不知該如何選擇，終究還是要思考看什麼。

影片訂閱制的商業模式，無論如何都無法完全避免「思考要看哪部作品」的步驟。

何謂串流服務鏈？

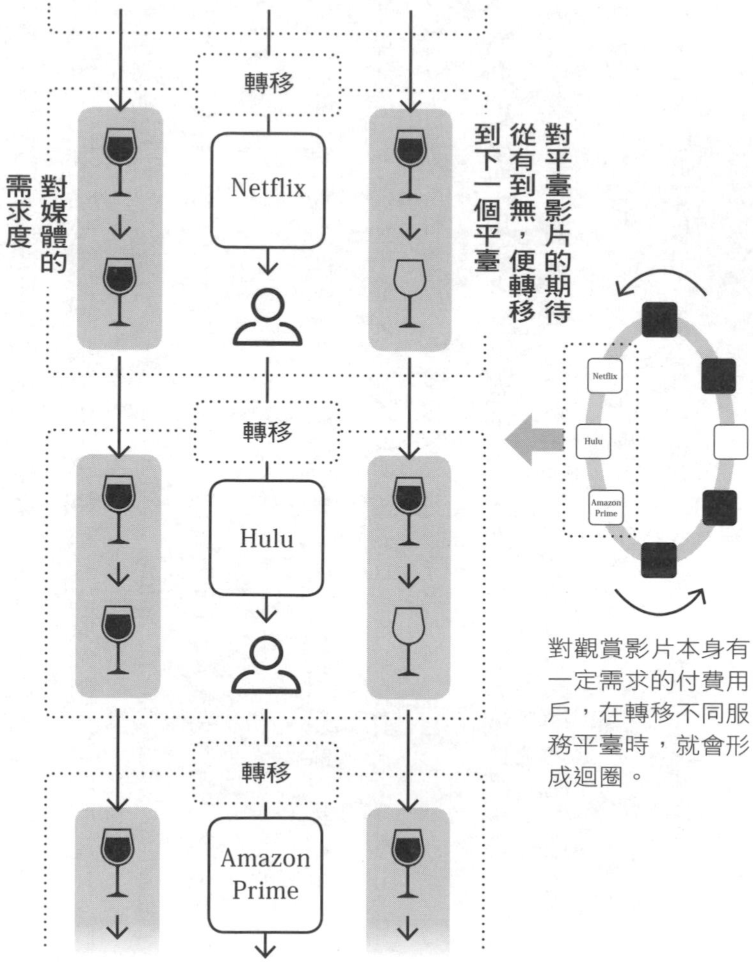

對觀賞影片本身有一定需求的付費用戶，在轉移不同服務平臺時，就會形成迴圈。

這個步驟，無論如何都無法省略嗎？

讓粉絲成為行銷者

為了探討這個問題，我們試著用先前提到消費者三種選擇困難的觀點，來一窺現今網路漫畫的商業模式，或許能藉此獲得一些提示。

過去其實就有在網路上免費閱讀漫畫的商業模式，但最近出現了相當大的改變。

之前是新作品的價格偏高，舊作品價格較低，現在在部分商業模式中則完全相反。在網路上連載的漫畫，觀看新公開的部分內容免費，經過一定期間後才會開始收費，這是現在的「新作免費商業模式」。

以漫畫來說，會觀看免費新作的人，大都看過前面的內容，也知道故事概要，而這種商業模式取決於粉絲的力量。想讓讀者們閱讀免費作品，最有效的方法就是利用社群網站高度擴散，怎麼做？從初期就開始追蹤作品的嘗鮮者（對流行較敏感的族群），最後可能成為死忠粉絲，這些人會在網路上推坑（按：推薦別人自己喜好的事物，試圖讓他人產生興趣並追隨），這麼一來，嘗鮮者會主動成為行銷者。

新作免費商業模式，是將目標放在經營嘗鮮者的評價（口碑）上，同時也是一種讓新用戶接觸舊作或自家服務的策略。

我們來看看這種商業模式，可以為消費者減輕哪些負擔。

漫畫新作有設定免費觀賞期間，假如你想看免錢，就必須在那段期間內看完，就結果而言，這種免費商業模式對嘗鮮者來說，能做到：

1. 一定程度上，不用思考先看哪部。
2. 不用決定何時觀賞。
3. 不需要判斷是否購買。

第一點之所以寫「一定程度」，是因為新作整體數量其實很多。之後，嘗鮮者會開始主動擴散資訊，選擇意願不高的一般用戶，就容易跟隨與自己擁有相似喜好的嘗鮮者，等於一般用戶也可以不用思考先看哪部。

附帶一提，嘗鮮者利用社群網站傳播，會吸引其他具備相似興趣或相同感受的消費者，例如當推特（Twitter）出現「要推出新影集」的情報，之前特別關注這部影集動向，或是想知道演員名單的人就會看見消息，進而轉推貼文，而轉推的資訊，又會再傳播給有相同喜好的人。

從企業提供服務的角度來看，就是將介紹作品的工作，委託給消費者群體，即便企業只提供大概的內容，消費者也會自行解讀；站在消費者的立場來說，就是**將品味作品內容的過程，交給與自己有類似喜好的其他人**，重點在於，「因為那個人說很有趣，所以這部作品一定很好看。」就企業或消費者的角度來說，選擇在社群網站上擴散資訊，都減輕了消費者在選擇上的困難。

那麼，第二點又如何？在這個商業模式中，所有用戶都有時間限制。利用訂閱制，可以隨時欣賞自己喜歡的影片；網路漫畫平臺設定了免費時段，所以用戶不需要另外思考閱讀時間，這個方法減輕使用者在時間安排上的負擔。

至於第三點，對於嘗鮮者來說，由於在剛開始的免費期間就已經觀賞過了，所以不需要這個步驟，但一般用戶就必須思考是否要買來看，這個步驟會明顯將用戶區分成兩種，也是這個商業模式的缺點之一。

這個商業模式需要留意的地方在於設定免費期間，等於結合了選項一與選項三：不需要思考看哪部作品，等同於不用判斷購買意願。

為什麼這麼說？因為，消費者在選擇作品時，通常都有意願購買。

當各位想：「我想要這個！」一定就會出手買下；假如不用思考要看哪部作品，即使是嘗鮮者，雖然會想繼續看下去，但想到之後也會有免費閱讀的機會，就不太會為了後續內容而積極買單。

此商業模式，是以原本就喜歡既有系列的消費者（粉絲）為主，難以擴散至新的客群。

從缺乏物欲的消費者的角度來看，雖然減少了選擇上的負擔，最後卻會變成只針對粉絲的服務。從網飛等影音串流平臺角度來說，這種宣傳度稍顯不足，就這點來看，網路漫畫平臺的結構，實際上是有些可惜的。

附帶一提，網路直播模式也類似網路漫畫平臺。沒有事先錄好，而是在網路上同步播出，節目內容只有直播當下才能看到。在有限的時間裡，看到特定作品，這個型態與新作免費商業模式十分相似。

隨選服務——透過網路播放影片，讓全世界在想看的時候觀看，這個模式是目前的主流，而與之完全相反的網路直播，近年來正強勢的嶄露頭角，其中特別值得關注以粉絲贊助所產生的嶄新消費模式。

就某種程度來說，粉絲經濟類似於漫畫的新作免費商業模式。但剛才提到值得關注的是在直播時，粉絲的贊助行為，這確實能帶來小範圍的盈利，但終究只有粉絲願意消費，這其實也跟網路漫畫平臺的商業模式一樣，難以擄獲本來就缺乏物欲的人，所以像網路直播這種較極端的商業模式，不容易拓展新客源，也難以帶來龐大利潤。

到這邊，我們先稍微整理一下相關資訊。

前面提到，影音串流平臺的訂閱制，雖然可以讓消費者不用決定觀賞時機及每次支付費用等步驟，但很難完全不選擇要看什麼，這對所有影音作品，以及其他在網路上的媒體內容來說，都是尚待解決的一項挑戰。

相對的，網路漫畫平臺的新作免費商業模式，利用設定觀看期限，以不同於訂閱制的形式，減少用戶在選擇上的負擔，但仍然得讓用戶選擇自己感興趣的主題，也得讓消費者願意花錢，而且只能期待有熱忱的粉絲實際消費，這種方式難以拓展客源，實在相當可惜。

接下來，我們要介紹最後一個值得討論的商業模式——串流音樂訂閱制，這是一種綜合上述兩種平臺制度的結構。

連 Spotify 也無法解決第一步

我們可以在串流音樂平臺上，隨時聽完一整首自己喜歡的歌曲，這就是隨選服務。但要抓住用戶的心，重點還是在於用戶自訂的播放清單，以及隨機播放功能。

播放清單，是指用戶不用再一首一首選擇想聽的歌曲，只要囊括在同一個清單中，就能自動連續播放；隨機播放功能正如其名，開啟這個功能，系統會隨機播放清單中的歌曲。透過這兩種功能，用戶不用主動挑選，可以隨時被動的享受音樂帶來的體驗，聆聽隨選化的節目。

最具代表性的例子，就是 Spotify Mixes 功能，這項功能不單純只是隨機播放歌曲，也會透過用戶的播放紀錄來分析個人喜好，將用戶可能喜歡的歌曲編制成清單，再隨機播放，這麼一來，就能減少消費者選擇音樂的困擾。

使用這項功能，用戶就能收聽與自己喜歡的歌手或創作者相似的歌曲。舉例來說，在「愛繆（Aimyon）MiX」清單中，不只能聽到愛繆的歌，也包括喜歡她的人常聽的歌曲，其中囊括了大量相關數據資料，因此不需要自己選擇，就能聽到許多近似愛繆風格的曲子。

但這種模式也有一個問題，系統為了掌握用戶喜好，使用者最少也必須做一次選擇。沒有聽過任何歌曲，系統便無法判斷用戶愛好，自然無法建立播放清單。就算用戶擁有播放清單，也必須選擇一首歌曲來聽，這個第一步，無論如何都無可避免，而許多企業煩惱的，也正是這第一步。

結果，不管建立了什麼樣的機制、解決了一些小問題、收穫少許收益，到頭來問題還是在那，減少用戶選擇負擔的策略，目前仍不夠完善。

在消費者缺乏物欲的時代，企業無不致力於摸索如何減少顧客下決定。只不過，瓶頸都在一開始的選擇，我們看到許多試圖排除其他步驟的方法，但要完全避免這一項，目前仍相當有難度。像串流音樂平臺，雖然某程度上成功減少了三種選擇困難，但也必須面對在開始播放清單前選一首歌的問題，最麻煩的事在於，就算成功減輕選擇負擔，接下來還會有其他問題陸續浮上檯面。

消費者不想做決定，又想自己做決定

在此之前，我們講述了現今各大企業、各種服務，為了減少用戶一開始的選擇負擔，而嘗試過許多方法，卻發現仍有相當大的難度。

下一節中，我們會談到該如何解決這個問題，但在此之前，我們想先提及一個狀況。

前面提到的，都是假如能省略一開始的選擇，問題就能迎刃而解。但各位稍微思考一下，**用戶既不想選擇，也絲毫沒有意願做決定，但即使成功建立完全不用選擇的架構，也無法滿足用戶需求**。就像即使有許多用戶使用 Spotify Mixes，恐怕也很難就此滿足。畢竟人都有一種「非得自己選才滿意」的心理。當用戶欣賞自己選擇的作品而感到滿足時，也會滿意自己做出的決定，兩者缺一不可。

即使是充滿魅力的影集，假如不是自己選的，很有可能無法得到滿足感，甚至會對該作品產生負面評價。企業得努力減輕用戶選擇作品的心理負擔，同時也必須挑戰人類想自己挑選的心態，這可說是相當矛盾。

在這個小節，我們了解影音串流平臺的訂閱制，以及網路漫畫平臺、音樂串流平臺等媒體所採取的策略。這些系統平臺都面臨一個課題——無法真正滿足顧客。乍看之下似乎沒有解方，但其實還是有的。

系統平臺留住客戶的策略，目的在於讓用戶購買自家平臺上的作品，有些人可能會覺得，這不是很正常嗎？消費者點進網飛就是為了看電影或影集，下載漫畫 App 就是為了看漫畫，登入音樂串流平臺，當然是為了聽音樂。

但是，只要系統平臺的目的是為了推動消費，就難以避免讓用戶抉擇，既然如此，我們改變目標本身不就好了嗎？下一節中將對此進行更詳盡的介紹。

3 消費者是接收者，也是傳播者

在前面的內容中，我們大致了解現代企業，如何面對缺乏購買欲的消費者。其中，企業都無法解決用戶不需要自行選擇的問題，紛紛採取迴避戰術，就連現在最流行的服務，功能也未必齊全。

為了能讓消費者有理由自行選擇，許多企業絞盡腦汁，但又有案例指出，若是完全不讓消費者自己決定，他們又不滿意。而這些問題的源頭，在於企業都被「必須促進用戶實質消費」的想法給束縛了。

要不要換個想法？「想促進消費，現有的媒體結構已經到達極限」，從這個角度或許比較能理解接下來的內容，以及 YouTube 等媒體深受現代消費者歡迎的主因。

再次強調，消費者本來就不能自由選擇，也不想要，但是完全不讓他們抉擇，並不能滿足他們。然而，曾經有一些服務，即使消費者不需要主動決定也能接受，那就是收音機以及電視。

我想有些人應該能感同身受：即使沒有特別想聽或看某個節目，也會一直開著收音機或電視，這種行為與其說是在選擇節目內容，更像是在挑選廣播電臺或電視臺。

日本以前曾有過這種話：「這個綜藝節目很像富士電視臺的風格。」我們將這種「我喜歡這種媒體風格」的心情稱為「媒體體驗」。

開門見山的說，這樣的媒體體驗正是救世主。

人們之所以接受收音機或電視，與其說是節目內容讓人滿意，倒不如說是因為媒體本身帶來的體驗，因此稱之為媒體體驗。透過選擇節目內容背後更為廣泛的媒體，讓我們在不知不覺間，克服選擇節目內容的問題，不過，會用收音機和電視的人已經不多了，因為媒體的大環境已經改變。

為何手機上的通話功能仍存在？

「媒體的大環境已經改變」，這是什麼意思？這邊先讓我們來介紹一下媒體的構造。

現今，我們在生活中會接觸到各式媒體，例如電視、報紙、廣播等傳統媒體，以及網路、手機等新興媒體。

話說回來，之所以將收音機或電視劃分在傳統媒體，是因為技術，而非用內容區隔。過去的科技尚未像現今發達，所以報紙因應而生，接下來是收音機，之後才是電視。

追溯到源頭，會發現它們想要傳遞的內容是一樣的。舉例來說，廣播之所以是廣播，是因為它是透過收音機來接收，電視之所以是電視，是因為它是透過電視收看，媒體這個單字的詞源為媒介，本來就不需要被技術左右。這些媒體從出現那一天起到今日，企業已經穩紮穩打的建立起商業模式及媒體內容的規格。

但是，我們周遭的資訊環境與過去相比，已經大有不同。自從網路和智慧型手機出現後，便改變了整個大環境。儘管如此，傳統媒體的現有機制，至今仍束縛著企業，比如電話。

過去只能靠電話聯絡身在遠處的朋友或家人，但是現在已經不需要了。不論是 LINE 通話、Skype 或是 Zoom 都能辦到，不僅能聽到聲音，還能看見對方。

這樣一想，對現代消費者來說，電話可能已經毫無用武之地，即便如此，電話依舊存在，這是因為傳統媒體所建立起的現有商業模式，和將媒體形式標準化的生態系統，至今仍然束縛著日本電信電話（NTT）等電信企業。

正因為生態系統早已成型，企業很難意識到要創新系統，即便有意打算改革，但要打破固有的東西反而更難。

Clubhouse 為何火一下就沒了

讓我以實際例子為大家說明，要突破媒體現有的系統究竟有多難。

二〇二一年，Clubhouse 作為第一個以語音為主的社交媒體，在日本也引起大眾關注。不少在聽廣播及使用傳統聽覺媒體的人，都對這種自己能表達，同時也能聆聽的「雙向聽覺媒體」讚不絕口，也有許多人樂於待見這項服務，認為它有助於擴展聽覺媒體的文化。

媒體也將其稱為社交媒體的新趨勢，大肆報導了一番。在二〇二一年二月十五日的《AERA》雜誌上，「透過聲音傳達『某人』的存在，『Clubhouse』的出現不是突然，而是必然」一文中，介紹到 Clubhouse 作為一種雙向媒體的新穎之處。

當時有許多人都提出 Clubhouse 的嶄新可能，但我從它出現時就不斷重申，它很快就會被淘汰，而事實也是如此。原因顯而易見，儘管 Clubhouse 是以智慧型手機為市場而開發的其中一項服務，但對於智慧型手機的使用者來說，他們沒有任何理由，非得要在手機上使用以聽覺為主的服務。

如今有許多東西皆能在手機上閱覽，比如社群網站的文字訊息、照片或YouTube影片等。雖然Clubhouse可以不露臉、隨時發話，但與手機裡的其他應用程式相比，使用它的動機還是太過於薄弱。

的確，就以實現雙向性智慧型手機應用程式這一點來看，它確實突破了舊時代技術的框架，但它仍然沒有脫離僅用耳朵聆聽的舊時代規格，即便一窩蜂的人跟風使用，冷靜下來後也會疑惑：「為何只能用說的？」換句話說，Clubhous的某一部分仍在傳統媒體的分類之中；相反的，LINE社群（OpenChat）至今有人使用，由於這項服務本身就包含在LINE裡面，操作上非常方便。我認為**Clubhouse最初之所以受到歡迎**，是因為反主流文化因素，以及**對傳統收音機或電話的懷舊情懷的關係**。

先說明一下，雖然Clubhouse是以聲音為主的社交媒體，但也沒有理由非得以聲音為主，它只是被困在傳統媒體所建立的生態系統中，這也是許多企業目前的現狀。各位可以把 Clubhouse 想成是彌補傳統行銷市場，和因傳統分類所產生不自然的限制，而衍生出的跨領域媒體活動。

有一種概念叫「媒體組合」（Media Mix），這是一種結合電視、收音機或是書籍等複數媒體的策略。為什麼要組合起來？因為它們在傳統分類中，都被分在不同區的緣故。

要理解傳統分類的服務，得先搞懂什麼是「導線」。行銷世界的導線，是指與使用者接觸的地方。提供傳統服務的人往往認為，只要利用網路，就有機會接觸到使用者，從而確保與他們之間的聯繫，然而這是錯誤的想法。

原因有兩個。第一，為了接觸用戶，網路世界中的競爭也很激烈，企業每天絞盡腦汁想如何進入使用者日常生活中所接觸的導線（頻道）；第二點與第一點有關，如我們先前所述，網路世界不再侷限於視覺或聽覺等傳統分類。因此，如果利用傳統分類的思維，進入網路世界的激烈競爭中，並且認為那裡有出路的話，便是錯上加錯，這就是為什麼 Clubhouse 和 radiko（按：由電通與日本多家廣播電臺合資成立的網路電臺平臺）難以持續下去的原因。

瑪丹娜的新商業模式：從買專輯到買門票

以音樂產業為例，來思考一下這個分類限制。

從歷史上來看，以前因為沒有錄音設備，所以只能現場演奏，但隨著黑膠唱片和錄音帶等錄音媒介出現，情況開始有了轉變。之後，隨著電視的普及，企業開始利用視覺表現，製作出了宣傳影片（Promotion Video，簡稱ＰＶ）。宣傳影片是一種促銷工具，是為了宣傳聽覺媒體，而使用了視覺表現的影片。

為了彌補現有商業模式不協調的地方，而進行跨領域的媒體活動，我們稱之為「填補枷鎖」。曾經有一位人物做到了填補枷鎖，且數十年來始終維持著超高人氣，那就是美國的流行歌星——瑪丹娜（Madonna Louise Ciccone）。

瑪丹娜於一九八二年開始其職業生涯，同一個時期，電視頻道「音樂電視網」（MTV，開播初期專門播放音樂錄影帶）也開始崛起（一九八一年）。彷彿是為了配合MTV的興起，瑪丹娜憑藉著激勵人心的宣傳影片一舉成名。

她是一位看穿電視及網路影響力的明星。應該有些人還記得，網路普及後，當時有許多非法播放音樂的網站讓大眾可以免費聽歌，如今已建立完善制度，也有正常收費。而在當時，瑪丹娜於二〇〇七年與華納音樂（Warner Music）解約，轉而與致力於推廣現場演出的大企業理想國演藝（Live Nation）簽約。

這意味著什麼？代表瑪丹娜將消費者購買的媒體內容，從歌曲本身轉移到了現場體驗。**由於網路上可以聽到越來越多歌曲，降低了其本身的價值，反而成為引誘他人來演唱會的誘餌**。因此，瑪丹娜領先其他藝人，在推出新曲之後，便將宣傳影片免費上傳到YouTube上，讓人們產生「想去看瑪丹娜的演唱會」的想法。

瑪丹娜的厲害之處在於，她會隨著科技的發展，觀察情勢並同時更改策略，轉換消費者要購買的對象。

起初，瑪丹娜利用影片宣傳，吸引消費者購買歌曲，此時的宣傳影片是一個誘餌。當網路上免費播放歌曲變成常態時，瑪丹娜轉而採取免費釋出歌曲，引誘消費者購買演唱門票的賺錢策略。她將歌曲定位成一種宣傳工具，以擴大她的潛在客戶群。

當時，瑪丹娜的這一項策略，得到業內極大的關注，但此時業界正處於以CD為中心的生態迴圈中。儘管CD的銷售量逐漸下滑，也沒能引領產業改革，因為在唱片公司看來，透過CD賺錢比較輕鬆。只要讓CD流通於市，即便放著不管，錢也會自動滾進來，這就是唱片公司爭相打擊網路上非法播放音樂的原因。然而，繼CD之後，我們進入了訂閱時代。**歌曲的附加價值，終於開始從內容轉為現場體驗**。

日本的偶像團體AKB，就是大家耳熟能詳且簡單易懂的例子。她們透過販售ＣＤ讓粉絲得到可以與偶像見面的機會，這與瑪丹娜的方法有異曲同工之處：歌曲只是一個誘餌，主要從其他部分賺取收益，而不是從販賣歌曲之中。

像現場演唱會這種體驗型的媒體內容，今後也會持續不斷有所發展，如果元宇宙更普及的話，也許會改變整個音樂產業的格局，但以現況來看，目前大多數企業仍難以像瑪丹娜那樣轉移價值。

瑪丹娜所採取的策略，是讓消費者遠離手機。因此如何擺脫手機，並在其他地方找出價值，就是該策略的根基，而**當時訂閱制並不普及，這種方式才得以成功**。可說是無視當下的環境所建立出的商業模式。

相反的，大多數企業正如我們所見，都被現有生態系統給綁住，一貫的遵循長久以來的既定路徑，讓消費者接受標準化媒體形式的策略。前面提到的ＣＤ就是一個很好的例子。一旦有網站免費提供音樂供人聽歌，企業們只能拚命阻止，然後繼續銷售ＣＤ，但這樣只會進入一場不可避免的消耗戰，最終導致音樂市場越來越小。

這些是所有傳統媒體正在經歷的現象。之所以會發生這種情況，是因為科技的快速發展，在企業和消費者之間造成了價值差距。

傳統媒體為何式微？

報紙產業正是飽受價值差距之苦的產業之一，此問題在於提供者和消費者之間的認知不一致。

報社認為他們刊登的資訊是有價值的。對報社來說，消費者所購買的是資訊，因此報社不分晝夜的尋找獨家新聞，乃至於現在也是如此。然而，**大多數消費者認為他們購買的，是稱作「報紙」的物品**。

消費者很猶豫要不要購買網路版報紙，是因為**他們認為網路可以免費閱讀到這些物品**。雖然報社自稱為資訊產業，但對消費者而言，很少人認為是在購買資訊，換句話說，**報社想要將傳統媒體的價值，原封不動的帶到網路世界**

上，卻因為這一價值差距而失敗。

到目前為止，我們都將企業的系統（指的是報社自認為提供有價值的資訊）稱之為生態系統（Eco-system）。至於以消費者角度來看的系統，我們想將它稱之為「自我系統」（Ego-system），比如，「網路可以免費閱讀」的價值觀，便是自我系統。

那麼，為了縮小這個差距，報社覺得必須要說服消費者，但這便是他們犯下大錯的地方。

報社開始提倡自己的價值，如「有助於就業」、「有助於考試」等，主張他們的資訊有上述好處，希望讓人們意識到「你們買的是資訊不是物品」。但如此一來，受益族群將變得十分狹隘，且被侷限在特定範圍中，變成消費者要求職或考試時，才會去買報紙，最後讓消費者不再支持、留戀報社。

以前，大多數人購買報紙是為了支持某家報社，像是購買《朝日新聞》或《讀賣新聞》，這就是所謂的「媒體選擇」，就好比人們會挑廣播電臺或電視臺作為「媒體體驗」的行為是一樣的。

按理說，報社不應該給自家商品定下狹小的價值，而應該讓人們得到龐大的媒體體驗，但報社卻短視近利，零散販賣資訊。**沒錯，他們最不該做的就是零散販賣資訊**，他們應該推廣藏在背後那更加廣闊的內容。

然而，報社已經為自家資訊定下某種價值，因此消費者只能開始取捨某些資訊，不再單純只看報社訂報紙，而是根據資訊類型來挑選。

報社的行為說成是自己送走了客人也不為過。朝日和讀賣的粉絲急速減少，這也是實際正在發生的事情，**報社主動選擇把自己降格為資訊供應商**。

除此之外，傳統媒體其實還有其他諸多問題，接下來，就來看看收音機。

音樂產業所面臨的挑戰和報社一樣，企業都被現有生態環境限制，但對消費者來說沒有任何影響，雙方立場明顯不同，也可以說消費者已經走在前面了。**他們橫跨領域，將電子產品和網路服務運用自如，把超越傳統媒體類型的使用經驗自然的結合起來使用**。

在過去，企業一直都是提供者，消費者則是接收者。然而，現在每個人都可以自由收發資訊。

既然不用紙張也能閱讀報章雜誌的話，那也不必只用聽覺來聆聽音樂，已經沒有消費者會單方面接受只對企業有利的系統。例如，現在有越來越多的人會用 YouTube 收聽廣播節目，而且某些廣播電臺在 YouTube 上也有官方頻道，甚至有一部分的廣播節目，他們在 YouTube 頻道上的觀看次數反而超越了廣播頻道。原本廣播電臺想把他們所有的節目都上傳到 YouTube，但礙於合約問題，無法做到。

然而，現在在 YouTube 上的廣播電臺官方頻道，大都無法直接面向廣大的 YouTube 受眾，這是因為廣播電臺根據過往的經驗，對節目內容進行了標準化，**而且只把一小部分的廣播節目，放到可以享受到更多免費內容的網路世界中**。在某種程度上來說，這與報社一樣都犯下了零散販賣資訊的問題，所以他們才無法成功將廣播這個媒體體驗，傳達給 YouTube 觀眾。

想聽廣播，用 YouTube 就好

日本廣播產業之所以無法隨著資訊環境的變化而靈活改變，還有另外一個原因，那就是「radiko」。radiko 把藉由無線電波傳遞訊號的廣播電臺節目，像音樂一樣放到網路上，讓聽眾可以線上收聽。

這是在二〇一〇年時誕生出的想法，當時的廣播電臺開始有了危機感：「每一個人家裡都有一臺電視，但已經沒有收音機了。這關乎到我們的存亡。」。因此，廣播電臺特地製作一個可以專門收聽廣播節目的手機應用程式，而有了radiko之後，廣播界反而沒有即時跟上之後的資訊環境變化。

二〇一〇年開始推出該服務時，網路正處於平臺全盛時期，各家服務事業接二連三的製作 App，並供應於自己的平臺上。然而，正如我們所見，在此後的十年裡，網路及消費者環境產生了巨變。

從生態系統（企業）的角度來看，radiko 是一個再好不過的平臺，但從自我系統（消費者）的角度來看未必如此。

radiko 就像線上音樂一樣，可以讓人們在網路上收聽廣播節目，這對使用收音機聽廣播的聽眾來說，簡直是一個劃時代的產物，但對於沒在用收音機的用戶來說，他們不覺得這是什麼，如果他們想聽，用 YouTube 就好了，根本不需要下載或使用 radiko。

廣播結合音樂，擴大客群

若想進軍網路世界，卻固守傳統媒體的型態、思維，就會處於劣勢。我們已從報紙和收音機的例子中得知這一點，所以企業首先應注重這部分。

各位回顧一下在前述提到，「媒體的形式只是受限於技術」這段話。收音機之所以是收音機，電視之所以是電視，僅僅只是於技術上的限制。對使用者來說，不論是哪種媒介都無所謂。如今，技術上的限制已經消失了，媒體卻依然被框架綁著。

假設有新的聽眾對廣播感興趣，應該會想利用平時獲取資訊的方式來收聽廣播。而對大多數人來說，使用 YouTube 會比利用 radiko 省事，就連那些廣播節目的粉絲們，應該也會覺得用 YouTube 收聽自己喜歡的節目就夠了。

那麼，radiko 應該怎麼做？如果是我們的話，我們會提議讓 radiko 可以線上聽音樂，因為聽音樂的市場需求大於廣播，如果能同時訂閱音樂和廣播的話，radiko 將不僅僅是一個收聽廣播的應用程式，更是一個可以用來聽音樂的平臺，進而成為我們生活的一部分。

radiko 不該只能收聽廣播，而是要改成可以線上聽音樂和廣播的平臺。「不只能聽音樂，還能聽廣播」，像這樣宣傳的話，如果是喜歡聽音樂的粉絲應該就會買單，而 Spotify 就做到了這一點。

音樂平臺竟然買下廣播節目，這是多麼諷刺的一件事。據傳，Spotify 今後預計將擴展到有聲讀物領域。

如果從擺脫束縛的角度來看的話，一次網羅並擴大各種語音服務，是一個非常正確的策略，也許還能像網飛一樣進軍遊戲世界（現在有一個類別叫做聽覺遊戲〔Audio Game〕）。

如同先前提到，若是商業平臺將服務侷限在語音上面，且又是以應用程式為主的話，就意味著未來在服務形式和管道方面上，勢必會面臨如何創新的問題。不是只有 Spotify 和 radiko，這是所有聽覺媒體將會碰到的挑戰。

消費者影響企業的時代？

現在，消費者不僅是資訊的接收者，也是傳播者。也就是說，消費者在製作、提供資訊上，處在一種更方便創造新事物的位置上。如先前所述，我們將其命名為自我系統，與傳統企業們所擁有的生態系統相比，它簡直是一個可以讓消費者隨心所欲的系統。企業有可能因此蒙受更大的損失，因為消費者可以隨心所欲、自由接收和傳播資訊，而不受任何約束。

結果會怎麼樣？一旦企業受到消費者自我系統的影響，往往會使自己所創建的生態系統崩潰。好比說越來越多雜誌已經不再扮演傳播文化的角色，而是改為介紹當今世上流行的事物。前面所介紹的報社和廣播電臺，就是一個通俗易懂的例子，他們都是受到消費者的自我系統所影響，進而使自己的生態系統崩毀。

一定會有人想問今後該怎麼辦？是否有什麼對策？這個部分讓我們在下一個章節娓娓道來，至於在這一章節，我們先稍微為各位建立一些背景知識。

人對聲音特別敏感

當我們在腦海中理解事物（處理資訊）時，往往不喜歡處理太過複雜的內容，**我們通常會先避開需要深思熟慮的資訊**。

如果以聽覺資訊和視覺資訊相比的話，處理聽覺資訊的成本比較高。視覺資訊只要迅速看一眼，便能大致了解，但聽覺資訊則需要仔細聆聽才能搞懂，需要花費不少時間。

我們都認為處理大量資訊比較辛苦，處理少量的比較輕鬆，但並非總是如此。**理解少量的資訊，反而需要使用更多資源（認知能力），像是專注力、思考力和意志力等**。

人們會盡可能避免使用專注力和意志力，因為很麻煩，再加上聽覺資訊需要使用認知能力，性價比很低，然而也有例外，那就是對話。

我們對說話聲或呼喚聲，會不自覺集中注意力、理解其內容。當大家在工作時聽到聲響或說話聲時，肯定會很困擾，也會不自覺得望向發出聲音的地方，這是因為人類有一種會被聲音所吸引、影響的習性。

聽覺行銷的優勢在於親切感

視覺資訊大都需要自己主動閱讀，**但人們有一種潛意識將注意力轉移到說話聲等聲音資訊的習慣。**

舉例來說，比起單看明星的照片，收聽他的廣播節目，更能體會到親切感。我們經常聽到有人說「廣播比較親切」、「廣播比較友好」，也是因為廣播有聲音與聽眾建立聯繫，才不會令人感到疏遠。

有人曾經說過，廣播的特點，是可以在寒冷的日子裡，聽到歌手松任谷由實的一句「今天好冷呢」，這種感覺是用手機閱讀「今天好冷呢」的文字所比不上的。這並非指由實為人親切（或許她真的很親切），而是當人聽到說話聲的時候，感官會自動產生連結。

雖然傳遞聽覺資訊的廣播節目，會使人們耗費認知能力，在處理程序方面不敵視覺資訊，**但在親切感這點上更勝一籌。**

但是，正如我們至今為止所見，想要解決這個問題，對廣播電臺來說並不容易，雖然傳統廣播電臺可以影響人們、建立聯繫，可是相較於影片和文字，接收者仍然需要花費更多專注力。

或許對企業來說，擺脫舊有框架不是一件容易的事，但先讓我們把公司的話題放一邊。我們認為有一種媒體形式能克服聽覺資訊的缺點，很值得拿出來與各位讀者討論，那就是 VTuber。

VTuber 紅什麼

VTuber 是虛擬 YouTuber 的簡稱，意指人們以虛擬角色的形象在 YouTube 上直播。

這種媒體形式既可以給人們帶來親切感，在資訊處理上也較輕鬆。

VTuber 的創新之處在於低成本。以前，將聲音添加進影片裡，除了需要花費大量金錢，還要有攝影和編輯等設備才得以實現。更重要的是，得有能力拍出有趣影片，但 VTuber 是一個虛擬角色，許多場所和器材都可以用軟體代替，如果是現場直播的話，連編輯都可以省去。

VTuber 瞬間收穫了一批粉絲，我們對其分析之後，發現 VTuber 既符合消費者的自我系統，同時也能解決傳統聽覺媒體的問題。**人只要看到動態圖片，哪怕動作十分微小，也會將其視為視覺資訊，並覺得比用聽覺理解還來得輕鬆，這就是 VTuber 的優勢。**

即便人類能聽到聲音，但還是需要從臉部表情等視覺資訊中，察覺出對方是開心還是生氣，光靠聲音探索，需要耗費相當大的專注力，但 VTuber 可以透過虛擬角色來表達喜怒哀樂，大幅降低認知能力的負荷。而且，VTuber 除了能搭上消費者的自我系統以外，還可以跟上贊助、打賞的新型收費系統，這也是 VTuber 能擺脫舊有媒體框架的原因之一。

隨著網路普及，使用者可以自由自在享受各種媒體，因而產生自我系統，這個系統對企業而言，是一個沉重的打擊，也改寫了整個媒體產業，使之變得難以理解。

新興媒體，讓消費者自由切換身分

我們必須認清自我系統和生態系統的立場已經顛倒過來，並且思考如何擺脫枷鎖，不論是視覺媒體，還是聽覺媒體，都已經不復存在。過往的傳統媒體正在消逝，**在我們面前的，是一種不會限於陳舊技術的「複合媒體」**。

讓我們來梳理一下什麼是複合媒體。並非只要有包含視覺、聽覺這兩種訊息的，就叫複合媒體。舉例來說，電視是視覺媒體，但也包含聽覺資訊，那它屬於複合媒體嗎？不。

雖然我們至今所見的視覺媒體都包含聲音，但他們主要不是依據消費者的情況（自我系統）來減輕消費者的負擔，他們只是按照自身狀況（生態系統）

來提供服務而已。所謂新興媒體及複合媒體，是指可以讓消費者隨心所欲切換接收者和創造者的身分，並使用各式各樣的功能。

複合媒體最重要的是，不該著重於企業的便利性，而是依據消費者的情況（自我系統），設計出減輕消費者負擔的方法。

該如何減輕？如前所述，其中一個方法是解析人類的感官，並利用認知能力的特性，VTuber 就是其中一個例子，而像 YouTuber HIKAKIN 等個人或企業，也有成功實踐此要領。接下來在第二章節中，將會介紹上述相關例子。

CHAPTER 2

百萬網紅這樣吸引你注意

1 新型態的媒體體驗：視覺加音效

第一章提到現今消費者缺乏物欲，以及企業如何試圖打破現況，期待創造新局。

其中可發現，企業並未試圖讓消費者產生購買意願，反而還打消了。他們盡可能不讓消費者選擇或理解產品，並藉此促使消費者直接連結到購買行為。這種做法，有部分推動得十分成功，但仍難以解決最根本的問題，也無法大大改善整體營運狀況，導致以失敗告終。有些企業甚至拘泥於少數的成功經驗，反而看不出最主要的問題。

人是一種很複雜的物種，既不想自己選，但不是自己決定的又會不滿。前面我們看了一些媒體經營的案例，各位應該或多或少也能感受到，試圖配合這些消費者的企業，會面臨什麼樣的窘境。

重點在於聽眾有什麼感受

假如企業不願改變過去的商業模式，選擇繼續迎合消費者的習慣，就只會不斷走下坡。有些電臺希望聽眾透過 App 收聽廣播節目，但對消費者來說，不如點開 YouTube 就好，根本沒有必要下載多餘的 App。

該如何克服其中的矛盾？**得靠人們的感官**。

在前一章也有介紹到，比起視覺，聽覺需要花更多時間去理解，性價比不高。不過，聽覺有其他感官所不具備的優勢——**能在對方毫無察覺的情況下造成影響**。

當周圍有人談話，或是別人出聲叫喚你時，各位應該會不自覺的去注意他們在說什麼吧。人們特別容易被其他人的對話，或是呼喚自己的聲音吸引。

最具代表性的就是廣播節目。有人常說「讓人感到溫暖」、「可以直接感受到主播的熱忱」，但這不全然是因為節目內容的關係，會讓人產生這種感受，是因為我們很容易對從耳朵聽見的事物，產生上述心情。

你要先掌握的，不是傳遞情報的技術。本章將先深入探討，聽眾會產生什麼樣的感受？又是如何接收、解讀這些訊息？藉此強化理解，進而判斷應該採取何種做法。

不能給太多，但也不能什麼都不做

在前述內容中，我們了解到，由於網路及智慧型手機的普及，新型態媒體與舊有媒體差異相當大，本書將這些新型態媒體統稱為複合媒體。

比如，YouTuber 上傳到 YouTube 的搞笑影片，以及電視上由藝人主導的搞笑綜藝節目，兩者看似相同，但本質上完全不一樣，這裡指的不是演出者或相關法規等問題，而是在於我們人類處理情報的特性。

人們討厭麻煩的事，於是會選擇更輕鬆的做法。要將情報傳遞給已經習慣輕鬆做法的消費者，必須同時配合能減輕選擇負擔的方法。開頭也有提過，既不能為用戶減輕太多，也不能什麼都不做，**這種掌控得恰到好處的做法，在複合媒體中特別受到用戶歡迎**，其中最值得參考的是對人類感官的理解程度。

利用人們認知能力上的特徵，提供單純媒體體驗。在前一章提到，「媒體體驗會變得越來越重要」。媒體體驗，指的是過去像「富士電視臺風格」、「MAGAZINE HOUSE 風格」等具有代表性特徵的形象。在平臺上特別活躍的 YouTuber 與 VTuber，就很懂得如何掌控這方面的事，以下將以 HIKAKIN 為例說明。

想了解 HIKAKIN 厲害在哪裡，就必須知道他上傳到 YouTube 的影片，跟過去的媒體體驗有什麼不同。

聽不等於看

剛才我們提到像「富士電視臺風格」、「MAGAZINEHOUSE 風格」等具媒體代表性特徵的體驗，在現今複合媒體時代卻是不存在的。

我們先來回顧一下過去媒體體驗的主流形態。

過去的媒體體驗，取決於怎麼獲取情報。聽廣播就是廣播體驗，看電視就是電視體驗，這些體驗是從技術層面區分，企業也依此打造出屬於自己的商業模式。所以，企業只是在傳達的方法上有所不同，並且向消費者強調「我們傳達的情報是一樣的」。不論是用看或者用聽，內容都不變，皆等價。

為什麼企業會如此強調？因為過去的「媒體與廣告同在」。在第一章開頭也提到，過去只要宣傳產品就賣得掉，只要打廣告增加消費者接觸訊息的機會，大部分商品都能順利賣出去。因此，如果可以增加傳遞情報的管道，在宣傳上也具有相當大的助益。

廣告企業在電視節目上打廣告，也在廣播中打廣告，同一支廣告在不同媒體上發布，增加了消費者看到的機會，最終促進銷售。他們在每個媒體上積極的表示情報平等，視覺與聽覺等價，越是堅持這樣的論點，越能收獲豐碩成果。

接著，來到越來越少人收聽廣播的時代。沒有試圖理解聽覺訊息原有的優勢，一味沿襲過往提供情報的模式，才會得出「現代不需要廣播節目」的結論。

無論是在電視上看新聞，或是從廣播聽新聞，接收到的內容都一樣。只要電視夠普及，就能降低消費者的認知負荷，導致廣播節目不再像以前那樣被需要。從消費者的角度來說，既然資訊都等價，那兩者之間取其一就好，沒必要出現同價值的東西。

廣播開始處於劣勢，因此主張節目固有的價值及存在意義，例如「廣播節目代表文化」、「邊做其他事也可以收聽受節目內容」等言論。一旦開始有

現今用戶更常上網取得資訊

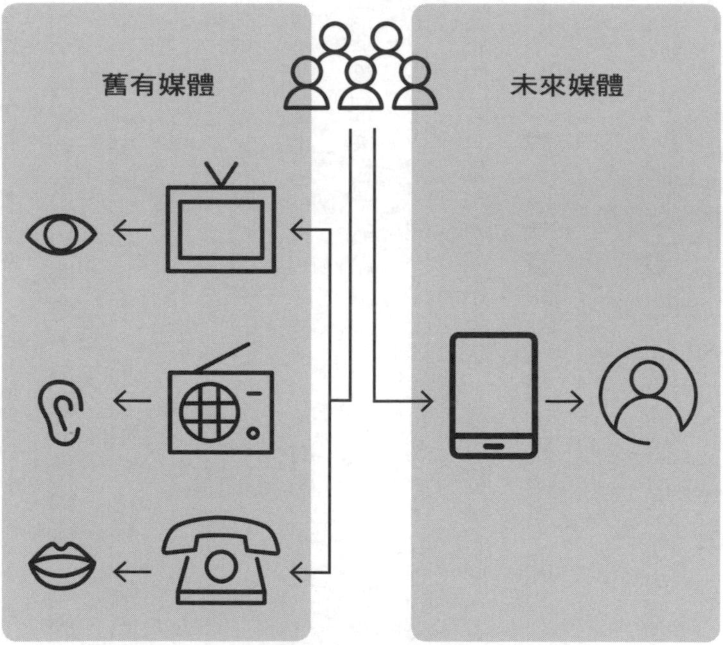

過去受到技術上的限制，媒體只能發揮傳達資訊的作用，但今後即將進入複合媒體的時代。

「廣播節目代表文化」的聲音，使用者就會深究其中定義。

假如廣播被解讀為是瞄準文化愛好者的媒體，就會提高一般聽眾接觸的門檻，這麼一來，廣播就會成為愛好者專屬媒體，陷入惡性循環。

看到這種狀況，電視圈的人可能會笑說：「廣播圈根本自食其果。」但現在電視圈也遇到同樣情況。不要說是廣播了，年輕人現在連電視都不太看。即使電視圈的人再怎麼強調「等價」的意義，消費者也在不知不覺間，將大部分的注意力轉移到網路媒體上。

企業認為「影像能獲得的情報，透過聲音也能取得」、「聲音能聽到資訊，也能化為影像」，為了商業廣告的利益，有些人堅持聽覺與視覺是等價且可以彼此替換，但這種說法並不成立。先不管能不能取代，但這些說詞已在不知不覺之間，成為業界常態。

有了手機，視障者也能「看」見

正因以前的媒體不斷宣傳視覺與聽覺能互換，才造就現今沉重的枷鎖。有一支代表性廣告，使我們誤會並且相信視覺和聽覺可以互換，就是一九八四年，作家寺山修司替Sony卡帶隨身聽製作的廣播廣告。

在廣告中，寺山訴說著自己前往視障生所就讀的東京都立文京盲校的經驗，他提到「他們會用聲音來詮釋顏色」，並且舉出採訪實例：「白色是這樣的聲音（響起蒸汽火車的鳴笛聲）」、「金色是這樣的聲音（發出敲打金屬鍋具的聲音）」，當採訪學生「鏡子是怎樣的聲音」時，對方回答「是絹絲斷裂的聲音」。那些表現獨特且富有詩意，帶給人鮮明的印象。

許多人透過此廣告，感受到視障者們所擁有的獨特感受力，以及豐沛的情感，我們當初也這麼認為。這支廣告作品，其後更是被日本ACC廣告評選為「ACC永恆收藏品」（廣告殿堂級作品）。

在四十年後的今天，我們為了了解現今有視覺障礙的年輕人如何接觸新型態媒體，於是前往過去寺山修司曾造訪的文京盲校進行採訪。

在採訪過程中，我們提出了與當年同樣的問題：「你們如何形容顏色？」學生的答案與之前截然不同：「天空是藍色的，太陽是紅色，金屬色是銀色。」我們得到再普通不過的答案。他們在形容時，沒有特地將顏色轉換成聲音，無論在表現或者感受上，都與一般人沒有兩樣。

寺山修司在廣告中提到顏色與聲音的互換，是一種轉譯行為。他詢問當初眼睛看不見的孩子們「金色是什麼樣的聲音？」並進一步翻譯他們的回答。

看到這裡，你察覺到了嗎？「金色是什麼樣的聲音？」這個問題本身就是被舊有媒體區隔所產生的想法。顏色和聲音可以互換、聲音是一種文化的象徵，這樣理解，代表我們身上依舊有那道看不見的枷鎖，也代表我們對寺山廣告作品的感想，單純只是一場幻想。

寺山在廣告中提到的那段經歷，難道是假的嗎？在我們的採訪中，從出生就從未看過顏色的學生卻能說出跟視全人一樣的答案，為什麼？我們詢問現場的老師，他說是因為智慧型手機，讓孩子們的世界也出現了嶄新的變化。

透過語音輸入或是使用朗讀功能，都為視障者提供了相當大的協助。在科技力量的幫助下，已經有許多能將視覺轉換為聽覺的便利工具，朗讀功能的發展也相當迅速，目前有聲書的應用範圍非常廣泛。

智慧型手機可以代替視障者的眼睛，幫助他們「看見」想知道的事，以及當下想見到的人事物。想集中精神閱讀時，可以活用點字顯示器；要大量閱讀時，使用智慧型手機的朗讀功能等各式工具來進行。

透過採訪，我們唯一了解的真相是，因為資訊間的落差，才讓**我們逕自解讀成他們擁有「獨特感受力及豐沛情感」**。一九八〇年代學生那詩意的敘述，其實是我們認知上的誤會，單純只是因為當時的他們，能接觸到的資訊十分有限，所以只能在自己理解的範圍內，盡力形容顏色給人們的印象，而我們卻擅自將這些訊息解讀成詩意的表現。

「白色是蒸汽火車的鳴笛聲」，他們所能了解的範圍有限，才得以編織出這樣富有想像力的詩句。「由於身體功能受限，才衍生出豐沛情感」，假如帶有這樣的印象或幻想，這反而是身體健全者的一種傲慢。我們似乎習慣將聽覺及視覺替換，並認為其中獲得的情報價值相同，但那只是一種錯覺，兩種感官要完全互換，仍有差距。

無論是過去或現在，眼睛看不到的孩子，都無法直接看見藍色的天空，但現在的孩子，能大量閱讀有關藍天的詩集或小說，透過不同作家的雙眼和筆觸，獲得色彩的概念，因此他們的敘述和我們的幾乎一樣。對這些視障者來說，現在的天空，必定也是生氣蓬勃的蔚藍色彩。

這邊再舉一個最近發生的事例。

有位視覺藝術家名叫克里斯蒂安・馬克雷（Christian Marclay），被評為是「結合視覺與聽覺的現代藝術家」。日本也曾於二〇二一年底展出他的作品，在業界蔚為話題。

有趣的是，馬克雷本身想表現的作品意境，與當初策展人的解讀其實大相逕庭。策展人將展覽主題定為「Translating」（轉譯）。單純從字面上來看，就是主打互換視覺與聽覺的概念。

只不過，馬克雷本身在受訪時，完全沒有提到自己的作品跟「轉譯」之間的關聯。「即使音源編輯順利，畫面不有趣就不行。重點在於聲音、畫面以及其他要素都必須完美融合，從中尋找出良好平衡的部分並展現出來，有點類似DJ要同時混編聲音及畫面一樣。」

看了馬克雷的訪談內容，可以感受到他希望融合畫面與聲音的特性，並同時表現出兩者的平衡。策展人表示「馬克雷的作品，是在聽覺與視覺間的轉譯」，但這樣解讀，可能是一種誤導。

藝術家在訪談中並未提及作品背後的意義。策展人的解讀方式，或許正證明我們被既有觀念所束縛。連專業藝術家本人說的話都可能被錯誤解讀，那麼對現代人來說，「視覺等同於聽覺，而且兩者能互換」的想法更是根深柢固。

為什麼你會說「看」YouTube，而不是聽？

馬克雷的例子，帶給我們一個重大啟示：**感官無法互換，但可以互補**。兩種感官模式無法用同樣的方法去理解，必須透過不同管道，才能進一步搞懂。這種說法看似理所當然，但**就如同前面提到的例子，人們對於一件事的成見，往往根深柢固且難以撼動**。

不過，前面提到的 HIKAKIN，就非常擅長讓這兩者相互輔助。

在盲校採訪時，我們也有問學生們都用什麼來獲取資訊。當時我們期待著聽到像「廣播」這樣的答案，因為我們心裡推算，「眼睛看不見的孩子，對影片媒體多少會有疏離感，所以應該更看重注重聽覺的廣播媒體」。但是，他們的回答超乎我們的預期。他們說：「最常看 YouTube。」這令我們相當驚訝，這些學生竟然是用「看」來形容。「最常看的應該是 HIKAKIN 的頻道吧。」「嗯，他很有趣呢。」他們不管是在提到 YouTube 還是 HIKAKIN 時，都是用看這個詞，而不是聽。

YouTube 這個網路最熱門的影片分享平臺，算得上是將聽覺資訊視覺化的絕佳代表。但是，它為什麼能讓視障者也能這麼喜歡，而且還經常收看？

我們在說「看電視」的時候，看跟電視是兩個不同的詞，但在跟盲校的學生交談時，我們想到，他們可能將「看 YouTube」視為一個動詞，這麼一來，就可以了解他們為什麼是說「看 YouTube」了。

百萬網紅這樣做

為什麼視障生特別喜歡 HIKAKIN 的頻道？我們認為**主要原因在於聲音的表現手法**。

在分析過 HIKAKIN 的影片之後，我們發現，他巧妙的使用了各式各樣的音效和特效炒熱氣氛。HIKAKIN 本身在剪輯影片時可能也沒有特別意識到，但他在選擇音效與用詞時，可說是相當協調且精準。

我們就從 HIKAKIN 最常見的商品介紹影片開始說起。

HIKAKIN 會說「我買了這個」，同時搭配「咚——！」的音效，再開始介紹商品內容。就算不看畫面，光聽聲音，就知道「主角現在登場了！」這裡的音效就算重複用了好幾遍，也不會隨便更換。**HIKAKIN 會依照不同狀況使用各種聲音，讓聽眾可以清楚知道「現在要發生什麼事」**，就算只聽聲音，大概也能知道他在做什麼。

若是開箱影片時，HIKAKIN 會同步說：「那我現在要來開箱了。」在打開之後，會先介紹商品，並附上個人感想，例如：「你們一定要試看看，這真的很有趣，這個太厲害了！」

有時在表達完「這東西真的很厲害」之後，發現不如預期那麼好時，他說話的語調完全不一樣。只要透過音效，再搭配 HIKAKIN 的語調，幾乎可以掌握影片中的所有狀況，也有不少 YouTuber 擅長利用音效，但幾乎沒有多少人能做到如此統一。

所以，HIKAKIN 的影片對於看不見的人來說，也十分平易近人。他的影片之所以特別受視障者跟小孩的歡迎，不單只是內容有趣，**淺顯易懂是相當大的主因**。

除了視覺上表現簡潔，HIKAKIN 在影片中，也巧妙運用各種音效，降低我們認知上的負荷，同時發揮協助講解影片內容的作用，這正是「複合媒體」的特徵：在聲音與視覺上取得平衡。由於減輕了用戶認知上的負荷，所以相對容易接觸。

你或許會問：「電視不也有聲音嗎？」但那通常只是加強視覺表現，不能減輕觀眾認知上的負荷。在這個時代，眼睛看不見的人們所謂的「看」，指的不是視覺行為，而是指複合媒體帶來的體驗。

我們可以說 HIKAKIN 的影片是由聽覺和視覺互補所產生的作品，或許正是能充分活用複合媒體，才能塑造出「看 YouTube」這樣的新動詞吧。

最完美的視聽設計：電玩遊戲

附帶一提，我們也問過盲校的學生：「你們平常有什麼休閒娛樂？」結果得到「玩遊戲」、「玩對戰遊戲」這類答案。他們如何玩遊戲？後來得知，這些學生能透過聲音來分辨電玩角色的動作。

一般人幾乎不會注意，在對戰遊戲中，角色的動作通常伴隨一些音效，而這些音效全都代表不同行為。例如揮拳、踢腿的音效就不一樣，角色縱身跳躍、落地時的啪嗒聲，也會依不同角色而有差異。

由於角色動作帶有音效，且每個角色各有不同，學生們就可以利用聲音來觀察攻防狀況。後來實際請學生試玩給我們看，結果跟一般人玩遊戲的感覺差不多。

在學生們列舉的遊戲中，經常有《七龍珠》或《航海王》等戰鬥類遊戲，或是《快打旋風II》的早期版本等。

《快打旋風II》是讓配置在左右兩側的角色對戰的2D格鬥遊戲，在戰鬥中，角色之間有時會互換位置，在最受歡迎的版本中，角色音效是單聲道，只能聽到一邊。

單聲道不同於立體聲，配置在右方的角色，就只會從右邊的喇叭傳出聲音；配置在左邊的角色，音效則會在左邊，所以即使角色互換站位，盲校的學生也能馬上分辨出來。我們也訪問過快打旋風系列的製作人，據說他們當初製作時，並沒有特別注意這個細部設定，所以他們聽到我們的訪問結果時，也很驚訝。

只不過，隨著遊戲系列的推進，動作音效雖然沒什麼改變，但聲音卻不一樣了。在玩遊戲時，已經可以同時從左右兩側的喇叭，聽見兩邊角色的聲音，如此一來，盲校的學生就難以透過聲音掌握角色之間的相對位置。

以這個例子來看，**電玩遊戲的浪潮之所以能席捲全球，不僅是視覺設計好，在聲音表現上也十分精細且出色。**

這帶給我們一個非常重要的啟示。

我們人類天生就有辨識聲音方向的能力，所以突然聽到聲音時，才會不自覺轉向聲音來源。正因如此，手機的預設鈴聲才是較能吸引人們注意力的單聲道，而不是立體聲。

各位應該都有這個經驗，在找不到手機時，會請別人打電話給自己，這正是我們運用方位知覺能力的最佳範例。人們生來就能掌握音源位置，這也是聲音的特性之一。關於這點，我們將在第二節進行更進一步的介紹。

融合音樂及動畫的新型態音樂——YOASOBI

近年來，流行音樂領域也出現了和 HIKAKIN 一樣，成功活用複合媒體的例子，這邊特別想提出 YOASOBI 這個雙人音樂組合。

前面說到，HIKAKIN 讓「看 YouTube」成為一個動詞，這點在 YOASOBI

的音樂中也一樣。

YOASOBI 上傳了一支使用各種動畫要素的ＰＶ，這是他們爆紅的契機。這邊為了方便理解，簡單以ＰＶ稱呼，但嚴格來說，那並不算在ＰＶ的範圍。因為過去ＰＶ是使用在促銷、宣傳上，是為了銷售音樂，而附加上影片的要素。

但 YOASOBI 的作品架構跟過去的音樂影片截然不同。音樂結合影像，雖與ＰＶ極為類似，卻創造出嶄新作品，具體來說，YOASOBI 的音樂影片是有劇本的。

先設定一個想要傳達給觀眾的主題，再透過影像及音樂，最終呈現在 YouTube 上。這不同於過去音樂ＰＶ的設計架構，而是利用影像與聲音，緊密結合形成一個主體，呈現出獨特的音樂作品。

要是抽離音樂的要素，作品還有原本的價值嗎？兩者之間難以分割的程度，已經讓人覺得就該視作同一個主體，就像有些人在日本的紅白歌合戰中，現場聽到 YOASOBI 的歌會有種不協調感一樣。

HIKAKIN 跟 YOASOBI 都是結合聽覺與視覺，創造出嶄新作品，同時**藉由視覺上的表現，成功減輕聽覺上的認知負荷**。這兩個十分受歡迎的案例，都來自新型態的媒體體驗，也是我們能參考的方向與指標。

這些例子都可以應用於行銷廣告。透過了解作品背後的架構，成為在現今消費環境中，傳遞情報的一大助力。

2 看影片也能用聽的

我們透過 HIKAKIN 與 YOASOBI，了解到何謂新型態的媒體體驗。現代在手機上接觸到的媒體，不單只是視覺媒體或聽覺媒體。人們會潛意識避開麻煩事，追求低認知負荷的事物，或許因為這樣的習性，才催生出了現在的複合媒體。

複合媒體並不是企業的策略，而是因為消費者普遍追求較低的認知負荷，才逐漸浮現出新型態的標準，這是企業過去始料未及的市場走向。

HIKAKIN 當初或許也並未刻意將自己的影片規畫為複合媒體。只是隨著影片的播放次數增加、受到關注之後，才逐漸統一影片形式，而一向被視作視覺媒體代表的 YouTube，也出色的完成了聲音上的表現。

日本於一九二五年才開始有收音機頻道，但使用時間出奇的短，約三十年左右，大家便轉看電視。一九六四年東京奧運時，電視的普及率高達九成。**電視的技術在當時雖為新穎，但較低的認知負荷可能才是潮流推手**，因為內容一看就懂，不用費力理解。

為何音訊備受期待？

雖說電視成為媒體之王，但當時市場上也沒有忽視聽覺資訊，電視廣告就是例子，從以前開始，許多廣告早已注意到聽覺可能帶來的影響力。

日本有一個「牛奶肥皂」的廣告，但這個產品並不叫牛奶肥皂。雖然紅色外包裝上畫著一隻牛，但沒有出現任何有關牛奶肥皂的字眼。它的正式商品名稱為「Cow Brand 紅盒」。牛奶肥皂是公司「牛奶肥皂共進社」的縮寫，廣告巧妙的利用聽覺建立公司品牌，而廣告詞「牛奶肥皂、完美肥皂」，更是僅用短短一、兩秒鐘，便讓許多觀眾印象深刻。

這類巧妙利用聽覺來加深大眾印象的案例不勝枚舉，像是湖池屋的餅乾商品啵利吉（三個三角形的角色一邊跳舞一邊喊「啵利吉、啵利吉、三角形的祕密」），以及日立製作所「這顆樹、哪顆樹、令人在意的樹」的企業宣傳廣告「日立之樹」。一九八〇至一九九〇年代的家庭皆收看無線電視，頻道選擇不多，廣告也無法跳過，觀眾無論如何都只能看完。

消費者開始忽略視覺情報

網路開始普及後，各位有沒有發現類似廣告正逐漸減少？聽覺訊息正逐漸消逝，主要是因為，不斷接觸視覺資訊所帶來的好處，遠比聽覺情報還要來的多。在科技的進步下，不只是電視，周遭也開始充滿影像媒體的街頭廣告。

人類接觸某種事物越多次，就會越有好感，這在認知心理學中稱之為「單純曝光效應」（Mere-exposure effect）。比起需要認真傾聽的聽覺訊息，不如加強看一眼就能接收的視覺情報，效果更加卓越。在這種環境變化下，會將重點放在視覺情報，便不那麼重視聽覺資訊。

但是，人的處理能力有限。視覺行銷手法氾濫的結果，反而讓消費者處於資訊量過多的環境，導致他們越來越不重視。現在的視覺情報已經無法吸引觀眾，他們逐漸跳過、快轉、忽視。特別是在二〇一〇年之後，網路上的廣告急速氾濫，可是沒有人會特別在意。

YouTube 的廣告影片，刻意讓你忽略

這樣的話，該如何才能讓消費者注意到？利用聽覺會不會比較好？這讓企業再度關注聽覺訊息的優點。例如製作 YouTube 廣告的影片公司，就是以「最後會被觀眾跳過」為前提在製作廣告。

YouTube的廣告，前幾秒無法略過，影片公司絞盡腦汁，想辦法在那幾秒內，以聽覺訊息為核心來設計內容，因為不論投入多少成本跟巧思在畫面裡，都沒有顯著成效，實際操作方式在第四章有詳細的說明，在此，只須理解視覺媒體將重心漸漸朝向聽覺即可。

接下來，將深入研究及探討，為什麼視覺媒體已漸漸偏向使用聽覺，但聽覺媒體依舊無法滿足眾人的期待？雖然有「聽覺時代即將來臨」的呼聲，現實中卻並非如此，其原因為陳舊的企業生態所導致。

接下來，我們將利用數據說明。

Podcast以前就有，但沒人知道

最近隨著科技的變化，音訊熱潮正邁步前進，尤其有了無線技術後，人們接觸聲音的頻率開始增加。

蘋果（Apple）在二〇一六年十二月開始販售附有麥克風的無線藍牙耳機「AirPods」。藍牙技術被世人廣為接受，iPhone 的耳機接頭也隨之慢慢消失。隨著無線耳機市場的擴大，居家環境也產生了變化。

亞馬遜及谷歌（Google）開始販售可用語音操作的智慧音箱。在這之前，我們仍侷限於手機的ＡＩ助理功能，像是蘋果的 Siri，然而隨著聲音認知技術的演變，相關產品也逐漸走入生活中。無線耳機的出現，提升了人們主動接納音訊的機會；聲音認知技術的進步，使人們能輕鬆活用。

在二〇一八年，Podcast 等聲音串流影音逐漸成為聚光燈的焦點，谷歌開始推出 Podcast App 的相關服務。**你要注意到的是，Podcast 用戶並非自然增加，而是有心人士刻意讓用戶去聽這類相關的聲音串流影音。**這些人抓住技術演變而引起聽覺環境的變化，努力的將消費者推向聲音串流影音的浪濤中。Podcast 其實早已存在於世，但在此之前卻無人知曉。

這樣的熱潮話題，在二〇一九年達到顛峰。「音訊即是次世代的媒體。」

企業開始齊聲合唱，但在我們的認知範圍內並非如此，即使在今天也不曾改變。「音訊媒體即將到來」，和「音訊開始受到注目」是不同的兩件事，而且從音訊媒體市場數據來看，並無實質上的顯著提升。

人類終究無法一心二用

企業期待音訊媒體市場擴大，是因為現代人使用手機的時間大幅增加，過度使用手機如今已成為社會問題。為了改善生活而提倡數位幸福，反而凸顯出聲音的重要性。

但其實企業從未想要解決手機使用時間的問題。智慧型手機的市場早已成紅海態勢，他們只是在尋找藍海市場的同時，注意到「消費者的耳朵還閒著」而已。

在擠滿人的電車中，沒辦法從包包裡拿出手機來看，但至少可以聽音樂，若能聽音樂的話，也可以用來聽別的，這是串流影音的主要構思，進而開始強調消費者的耳朵還有可利用時間。如果是音訊的話，用戶就能一心二用。

走動時能聽到聲，做家事也能聽音樂，各位應該也有人會一邊聽音樂或廣播，一邊讀書吧？有一部廣告，完美詮釋出這個狀況。

由好萊塢影星巨石強森（Dwayne Johnson）演出的 Apple 廣告。廣告中，巨石強森穿戴著 AirPods 向 Siri 談話，並完成了所有工作，成功描繪出使用ＡＩ助理和語音辨識功能，完成複數工作的世界。

優秀人才使用新科技，帥氣的完成工作——這個畫面看似簡單，但在現實中，無論是誰都辦不到。

人類無法一心二用，這個行為會引起「不注意視盲」（Inattentional Blindness），指我們在專心於一件事的同時，無法完成另一件事情。**人類的認知能力非常模稜兩可，專注一件事時，便無法顧及其他**。法律中禁止開車使用手機，這其實有學術根據，有報告記載，開車途中講電話導致交通意外的風險，約為沒使用者的四倍。

先不論事實如何，聽覺市場上仍對「消費者的耳朵還空著」這件事一頭熱。聲音平臺 Voicy 從日本TBS電視臺及廣告公司電通等企業借調七億日圓，聲音市場旗鼓喧騰，媒體新聞上充滿著「Podcast 如日中天」的呼聲。

但這股企業主導的熱潮，真的有帶起來嗎？

四百二十億日圓的數位音訊市場

二〇二一年，當時備受期待的 Clubhouse 出現沒多久便急速下墜。

從二〇一八年至二〇一九年左右，企業創造出了音訊熱潮，從現狀分析來看，也並不全以失敗告終。

有了無線耳機，使人們願意主動聆聽音樂。「消費者的耳朵還空著」這個熱潮，不免讓人覺得是為了能在這種環境下生存，才要融入至今為止的商業模式框架中，這也使企業的生態系統規模逐漸擴大。

實際上，聲音相關業界的專家有資料可以佐證數位音訊市場的成長。

這是一份由 Digital InFarct 公司所發表的〈數位音訊廣告市場規模推估、預測，二〇一九年至二〇二五年〉（二〇二〇年三月，見第一一八頁圖），主要由數位音訊廣告相關事業負責人、廣播公司、廣告公司提供之情報所彙整（二〇二〇年二月至二〇二〇年三月）。二〇一九年數位廣告規模達到七億日圓，預估在二〇二五年將達到四百二十億日圓。

預估在五年內膨脹六十倍，這將造成相當大的影響力，但仔細思考，在這三年內聲音市場規模並無提升。雖無法想像在幾年內會有大幅成長，但仍有論點相信二〇一九年的瘋狂熱潮會使市場持續成長。

我們無法否認數字會持續變化，**但直至二〇二二年，能佐證市場成長性的，也僅只有這份調查資料。**

話說回來，四百二十億日圓在整體音訊業界，規模大概多大？根據電通的

數位音訊廣告市場規模推估
（2019 年至 2025 年）

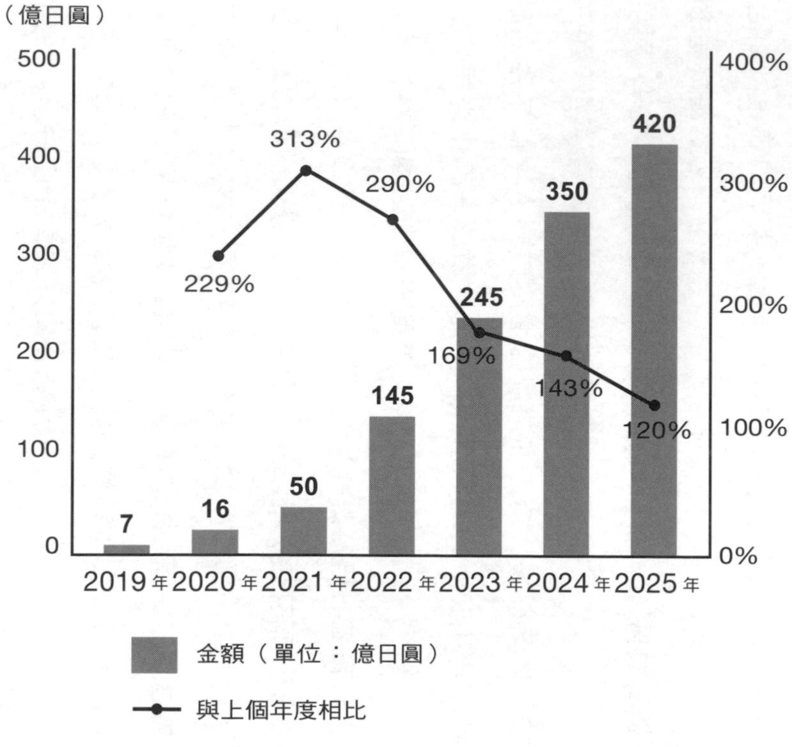

出處：Digital InFarct 調查，https://release.nikkei.co.jp/attach_file/0531860_01.pdf。

調查，網路全體的廣告市場規模為兩兆七千零五十二億日圓（二〇二一年）。四百二十億日圓約占整體的一．六％，說大不大、說小不小，但作為評判媒體成長性的數據來看，僅有一％似乎不具吸引力（以上均為二〇二一年的數據）。如果企業預估網路市場整體會持續成長，那在二〇二五年時，數位音訊市場占全體的比率有可能會再更少。

此外，根據電通提供的調查報告，廣播業界的廣告費用為一千一百零六億日圓（二〇二一年）。雖為夕陽產業，但近幾年仍可維持一千億日圓的規模。在一千億日圓當中，當然也包含了數位廣告費用。

二〇一九年至二〇二〇年的網路廣告規模約為十億日圓。此數據與剛才Digital InFarct所提供二〇一九年至二〇二〇年的市場規模（七億至十六億日圓）一致。

Digital InFarct的調查並未透漏數據出處，無法得知是否為相關人士所提供的數據再加以彙整，但即使先不考慮預估數字，也無法否認廣播業界的數位廣告規模。

這樣一想，四百二十億日圓也並非那麼驚人了。可以想成，現在廣播廣告中約有五百億日圓，被用作針對聽眾在網路上收聽廣播的廣告費用。

即便未來廣播廣告費用的一半，有可能成為網路廣告費用，但至少到二〇二五年為止，都不太可能馬上轉移。

總之，這四百二十億日圓的廣告規模僅顯示為目前廣播的聽眾群，是以既有的廣播聽眾所試算出來的廣告規模，並非以新型態服務或聽眾為基準的市場規模試算數據。

廣播市場轉移到網路，整體趨勢並沒有太大的變化。好的解釋也僅能說是維持現狀，仍無從得知市場將如何擴大規模，沒有任何數據可以預測音訊市場的未來及新媒體的成長方向。

美國的音訊廣告市場很大？

針對前面的說法，有人提出反論：「可是在美國，音訊廣告的接受度還蠻高的，日本總有一天也會跟上。」美國市場真的有那麼大嗎？讓我們實際看看當地狀況。

在數位音訊廣告的銷售統計報告中，以互動廣告協會ＩＡＢ（Interactive Advertising Bureau）的報告書最一目瞭然。可以觀察出媒體收益基礎，也能一定程度掌握市場規模。

從報告書中可見，網路的音訊廣告在二〇二一年成長至五七・九%，達四十九億美元（按：本書美元兌新臺幣之匯率，依臺灣銀行二〇二三年三月公告均價三十・八〇元計算，約新臺幣一千五百億元）。以一美元為一百二十日圓來換算的話，就是五千八百八十億日圓，與日本的市場規模相比，算是相當龐大的收益。不過，日本與美國的人口畢竟差距相當大，在此讓我們以百分比來進行比對。

同報告書中，數位廣告整體的媒體市場規模與前一年相比，成長率達三五%，也就是一千八百九十億美元，占整體比例約二・六%左右。在新冠疫情的影響下，數位廣告的成長率相當驚人，遠距上班的對策也對音訊產業的發展十分有利。可以推估因此促成了五七・九%的成長率，但這些特殊狀況只是暫時的。二・六%這個比例，在某種意義上也可能會是市場的上限。

「美國還有很多人會收聽廣播節目」、「生活中很常接觸到音訊廣告」、「美國人更常聽 Podcast」這類說法，其實也是建立在母數（人口）較高的前提下。從這點來說，只有日本的數位音訊廣告會持續發展，且占廣告市場整體的一〇%甚至二〇%，就常理上來說，其實很難達成。

這樣看來，美國的數位音訊廣告市場與其說是成長，更像是遭逢瓶頸。要是日本整體的網路廣告市場規模並不大，或許之後仍有成長空間。但之前沒有出現過類似徵兆，未來也很難以預期。由此可見，網路上的純音訊廣告，已經面臨撞牆期。

不能只是將廣播內容單純放到網路上

近幾年來，聽覺媒體再度受到眾人矚目。進一步了解後發現，是因為**在科技的進步下，造成環境改變，但仍有企業錯誤解讀，且沿用舊有生態系統所致**。這或許是他們有意為之，可終究也只是突顯新技術在過往媒體、型態上所代表的意義與位置，因此企業也無法掌握未來方向。只憑藉聽覺媒體，就想再度獲得大眾認同，是個相當嚴峻的挑戰。

說明白一點，音訊媒體在過去的商業模式中，已經遭遇撞牆期。那麼，我們該如何面對？

以廣播為首，過去的聽覺媒體可以採取兩種行動。第一，**相對於複合媒體，過去的聽覺媒體可說是聲音的專家**。已逐漸偏複合媒體化的網路環境有一個很大的問題，就是不夠了解如何設計音訊。

網路媒體的設計往往特別偏重視覺要素。有各式方法可以達到視覺表現的需求，但針對音訊的表現手法卻十分有限。前面提過，在大多數人的認知中，音訊只是代替視覺的另一種選項。不過，在複合媒體中，使用者對於隨選、互動、快速切換等功能有越來越高的需求，他們想要的是能補足視覺感官上不足的聲音設計。

某家大型網絡廣告公司，已經著手成立名為「聲音進化局」的專屬部門。他們知道聲音將在今後的網路環境中扮演重要角色，為了研究如何設計影片廣告的聲音，專門成立這個部門，也顯示現今網路市場對音訊的新型態需求。面對這全新的課題，身為聲音專家的各大廣播電臺，此時此刻，應該更能發揮音訊媒體的真功夫。

第二點是自行開發新型態的複合媒體。前面提到，以聽覺為主，現正位居媒體第一線的 VTuber 正是典型案例之一。

我們要再強調一遍，像 Podcast 那樣，將音訊節目改為網路規格毫無意義。如何發揮舊有音訊媒體體驗的強項，創造出複合媒體，將是眾人往後所關注的焦點。

看到這裡，你是不是更加了解，聲音對複合媒體來說有多重要？在第三章，我們將帶各位前往商業現場，詳細了解他們是如何運用聲音的影響力，以及人類會對聲音產生什麼樣的實質反應。

CHAPTER 3

人氣網站幕後的感官操作

1 總是不自覺被超市的大聲公吸引

對於誕生在網路時代的複合媒體來說，聲音扮演著很重要的角色，由於人們從前一直生活在以視覺為導向的時代，因此對聲音了解的並不多。

本章節中，我們會重新審視生活周遭的聲音。首先是有系統的了解聲音在行銷中發揮什麼作用，我們將舉出實際案例，並說明其中隱含的巧妙設計。

假設你是一位上班族，早上，你可能會被定時播放的廣播叫醒，聽著廣播中的廣告音樂起床後，你一邊準備上班，一邊打開電視聆聽晨間新聞和天氣預報。今天早上有一場重要的簡報，你必須早點出門，當你快步走向車站時，聽到一旁的建築工地響起施工聲，你想著：「這條路還在施工啊。」一邊過馬路，這時，一輛汽車朝你按喇叭，你嚇了一大跳。當你走進車站，月臺傳來了電車準備離開的音樂，於是你拔腿狂奔衝進車廂，最後總算趕上。

你坐在辦公室的座位上，聽到 Mac 的開機音效。在準備簡報時，聽到同樓層響起電話鈴聲，這分散了你的注意力。簡報順利結束後，你鬆了一口氣，走進常去的速食店吃午餐並稍作休息，店內播放的廣告歌不斷提到新商品名稱，你聽到後想著下次嘗試看看好了。在回辦公室的路上，你進到一家家電量販店，店員向你介紹最新款 iPhone 功能，店員講得讓你十分心動，你很猶豫是否要用年終獎金購買最新款 iPhone。

以上是上班族從早到晚可能經歷的情境，人們除了電視、廣播、手機之外，生活中還會接觸到大量聲音資訊。這些聲音讓我們做出各種判斷，它指引我們、提醒我們、促使我們採取行動，並引導我們的注意力。除了非人為操控的環境音之外，有許多人為設計的聲音，當然，規畫得好便能實現預期目的，但有些並無法達成目標。

不是因為你看到才注意，是聽到

聲音經常被用於指示方向、喚起注意、促使行動、引導注意方向，接下來讓我們看看成功達成上述目的的案例。

電梯到達樓層的提示音，就是指示方向的經典範例。

高樓大廈中通常會有好幾臺電梯，乘客必須根據顯示器確認電梯的行進方向。最近的高性能電梯會根據上下樓，改變到達的提示音，因此乘客就算不確認電梯的顯示器，也能得知電梯往上還往下。

接下來是喚起注意力，有些物品會發出聲音，讓人們察覺特定事物，電動車的低速警示音就是一個例子。

電動車沒有搭載引擎，因此行駛時幾乎不會發出聲音，使得行人難以發現有車輛接近，導致事故發生。為了讓行人知道有車輛靠近，電動車會安裝喇叭，發出緩慢行駛的模擬音效。

雖然不是利用聲音，但瓦斯也是使用相同方法。瓦斯本來無臭無味，加上肉眼看不見氣體，所以就算瓦斯外洩也無法及時發現，因此，瓦斯公司刻意在瓦斯內添加氣味，讓用戶能注意到。

許多物品會用視覺以外的感官喚起我們的注意，**即使人們沒有特別在意，這些感官刺激依舊能讓人們有所警覺**。

如果不在一開始就吸引人們注意，便很難再靠視覺抓住目光，但使用聲音可以促使人們行動。

眾所皆知，速食店收銀臺的店員說話速度比正常語速還要快，店內的背景音樂也相當輕快，這是因為速食店為了提升顧客的流動率，才有意識的避免講話太慢，或播放節奏較緩和的古典音樂等。

最後一項是引導人們的關注方向。

聲音能將人們的注意力，引導至原本沒興趣的事物上，日本的「攬客者」就是最近很有趣的例子之一。

攬客者是一個喇叭，但有簡單的頭和手腳，可以錄製聲音並反覆播放。去日本超市或量販店等賣場，可能都曾聽過「嘟嘟嘟嘟嘟——」的電子曲調。雖然許多人都將焦點放在曲調上，但攬客者成功的點在於其發出的聲音為單聲道，這恰恰擊中了市場行銷的盲點。

我們先前討論過，單聲道可以讓聽者識別聲音來源，立體聲則無法。因此，超市的音樂往往利用立體聲，因為從特定的喇叭播放大音量音樂，可能會讓顧客反感。

在這樣的聲音環境中，如果顧客聽到攬客者播放著「這邊這邊，今天的特價商品在這邊」的單聲道音樂，相信會有許多顧客會被吸引注意力。攬客者單聲道喇叭的效果，顛覆了超市的常識，成功引導人們的注意方向。

我們每天總有幾個小時會接觸到人為設計的聲音資訊。在現代社會中，**無論我們有意或無意，聲音總是會影響我們的思考、行動和判斷。**

語音客服讓人不耐煩

語音客服是很經典的失敗範例。當你撥打語音客服時，語音會自動播報服務項目，客戶必須依需求按下號碼，並按照指示操作。但人們往往在經過層層關卡後，依舊找不到自己想要的服務，只好回到最初步驟，相信各位應該也有過不少這種惱人的經驗。

語音客服不好用，是因為它將視覺直接轉換為聽覺，如果我們能用眼睛確認所有服務選項，並從中選取想要的服務號碼就沒問題。但是，當人們只能透過聲音時，就必須按順序記住所有說明，如果只有一、兩個選項倒還好，但多達五個或六個時，許多人無法全部記住，只好反覆聽好幾次語音內容，因為人類本來就缺乏短期記憶能力（工作記憶），因此才會產生這種問題。

使用工作記憶對人類來說是一種負擔，然而撥打語音客服卻要用到工作記憶，所以大家總認為打語音客服很麻煩、讓人煩躁。從人類的特性來看，語音客服的機制根本不合理。

說個題外話，有些人意識到語音客服系統的缺陷，因此試著開發對話式語音客服系統。在對話式語音客服中，用戶不需要選擇號碼，只要單方面陳述需求，人工智能（ＡＩ）就會根據對話中的關鍵字，判斷用戶需要何種服務，並轉接給適合的負責人。

未來的語音客服系統將以省去選擇號碼的步驟為目標，並帶入人工智能的技術，改善過往不便的客服系統，讓語音客服更加實用。

建築設施內的警報器，則是另一個無法活用聲音的例子。

某間保全公司曾來找我們諮詢，當發生火災時，該保全公司的警報器會播放「請保持冷靜，並移動至室外」的錄音檔，但成效不盡理想。

為什麼？因為在警報響起時，許多人會有正常化偏誤的心理（忽視或低估對自己不利的資訊），正常化偏誤會讓人們以為「是警報器故障吧」，或「應該沒問題」的想法。你可能會以為只要響起警報，大家便會盡速避難，但在事發現場時，其實很多人都不會逃跑。

我也曾有過類似經歷。有一次我在博物館參觀時，警報突然響起，並播放預先錄好的人聲廣播，通知館內人員疏散，但包括我和周圍的人在內，幾乎沒有人遵循指示避難。

過了一陣子後，預錄的廣播突然中斷，傳來保全人員的人聲廣播：「目前有警報響起，工作人員正在確認，為了安全起見，請所有參觀者先移動至戶外。」保全人員的人聲打破了人們正常化偏誤的心理，在這一刻，本來沒有動作的人們才動了起來。

開車聽廣播，但你記得內容嗎？

讓人一心二用的聲音設計會降低接受資訊的效果。

例如，廣播節目一直以「可以邊聽邊做事」為賣點，但當你實際邊聽邊做事時，真的會記得廣播在講什麼嗎？

假設你一邊聽廣播一邊讀書，當你記得很清楚廣播內容，那你極有可能根本沒把書讀進去。**人類的注意力有限，不可能同時專心做兩件事。**

有人反駁：「美國人經常邊開車邊聽廣播。」

雖然美國人真的很常在車內聽廣播，但這是因為美國是汽車社會，而且車內是封閉空間，沒有其他事情可做。廣播節目只是被當作一種背景音樂，駕駛能否記住內容則是另一回事。

根據網路上的廣播收聽數據，比起車上，人們在家收聽廣播的時間更久。這反映了核心聽眾更喜歡在家裡收聽廣播，特別是在歐美，廣播除了播報新聞之外，還有許多需要集中精神收聽的文學作品等內容，這種類型的廣播顯然不是做給開車族收聽的。

成功品牌一定會活用感官

比較成功例子與失敗例子後，可以發現兩者的區別在於是否有活用人類對聲音的認知特性。成功絕非偶然，**成功的案例總是會靈活運用人們的感官**，因此，我們必須深入了解人類的認知特性。

例如，**視覺適合用於選擇，卻不適合喚起人們的注意，聽覺則相反**。撥打語音客服會令人煩躁，正是因為此原因。當你想要讓人下決定時，必須利用視覺；而當你想引起人們的興趣或注意時，則要使用聽覺，之後的章節會有更詳細的說明。

為了讓消費者記住品牌名稱和相關重要資訊，近期有許多業者對聲音越來越講究。然而，雖然業者對此抱有很大的期望，卻不一定能反映在市場上，因為我們還不夠充分理解人類對聲音的認知。

但是，有許多最新的研究表明，聲音對各種消費體驗有顯著的影響。接下來，我們將介紹一些代表性研究，從這些研究可以看出，在行銷上，聲音大致可分為三個使用方向。

在之後的章節中，我們將解讀雜誌《哈佛商業評論》（Harvard Business Review，簡稱ＨＢＲ）公認的感官行銷領域權威——密西根大學行為科學家阿拉德納·克里希納（Aradhna Krishna）——的著作《感官行銷》（*Sensory Marketing*）一書，同時結合案例說明。

首先是聲音的象徵性和語言性。聽起似乎艱澀難懂，但簡單來說，此項目主要聚焦在話語、語言、對消費者產生的影響。我們將說明市場行銷中，聽覺的交流如何影響消費者。

第二個是市場行銷和消費時的音樂，這個項目主要探討賣場的背景音樂，會帶給消費者什麼效果。

第三點，聽覺刺激如何影響其他感官。現代盛行網路購物，廣告中的聲音可能具有讓消費者感受到商品口感和新鮮度的作用。透過刺激聽覺、視覺等其他感官，又會如何反應？

品牌名聽起來是輕、薄，還是柔軟

首先從第一項，聲音的象徵性和語言性來看。語言究竟如何發揮作用？單字中包含的聲音，會影響人們如何理解該詞彙。

在一種語言中，區別語意意義的單位稱為「音位」，簡單來說，就是指讀音。音位有助於人們理解詞的含義，一個詞中所包含的聲音元素，決定了該詞給人的印象。例如，日本電影《大怪獸卡美拉》的「卡美拉」（Gamera）和《超人力霸王系列》的「皮古蒙」（Pigumon）名字中就有 Ga 和 Gu 的聲音，讓人們更容易聯想到怪獸。

Ga、Gi、Gu、Ge、Go 等日文濁音具有膨脹、釋放、震動等特性，是年輕男性和孩童喜歡的聲音，日本少年漫畫週刊《Jump》等漫畫雜誌的名字中也有使用，這會令它們的名字更生動。

如上所述，一個詞的發音會讓人產生特定聯想，這在學術界被稱為聲音象徵（Sound Symbolism），其相關研究在西方國家尤為活躍。例如，/i/的母音與輕、薄、柔軟等概念相關，而/a/和/o/的母音則會讓人聯想到大的東西。

如果能活用聲音的象徵性，就能在命名品牌時，賦予其正面形象。曾經有研究者透過虛構的冰淇淋品牌名稱做了一個實驗，比起使用/i/所命名的「Frish」，以/ä/命名的「Frosh」所推出的冰淇淋商品，更能給人濃稠絲滑的印象。

FedEx，讓你覺得他很快

有研究指出，當品牌的音位給消費者的印象，與消費者對品牌的期望一致時，會給消費者帶來最正面的形象。

世界最大快遞運輸公司聯邦快遞（FedEx Corporation），便是簡單易懂的例子，FedEx 是 Federal Express 的縮寫，品牌名稱中的 Ex 縮寫，讓人聯想到物流公司的服務速度。

許多人可能至少在廣告中聽過一次汽車製造廠馬自達（Mazda）的 Zoom-Zoom 廣告。「噗——噗——」為孩童模擬汽車行駛聲所發出的聲音，其英譯是 zoom-zoom。英語系國家的人不用說，即使不知道 Zoom-Zoom 名稱由來的其他國家的人，也能從語感中聯想到愉快的駕駛印象，作為汽車品牌的宣傳標語相當成功。

另一個例子是冰棒「嘎哩嘎哩君」，不用我多做介紹，相信大家從嘎哩嘎哩的聲音，就能聯想到冰棒清脆爽口的口感。

聲音會自動引發人們聯想，聽到聲音的人會自行消化資訊，並想起產品的相關訊息和特徵。但是在不同國家，人們對聲音的印象可能多少會有變化。

不論誰唸，柯達和勞力士發音都不變

根據不同語言，音位給人的印象多少會有所改變。因此，許多品牌為了讓世界各國的消費者具有相同印象，在取名時，會盡量挑選發音相同的字詞，最著名的例子便是商業印刷巨頭——柯達（KODAK）。

柯達曾對外公開，當初在取名時，特意挑選了用英語、德語、法語、義大利語發音皆相同的名稱，但這個詞本身並沒有任何含義。

說個題外話，寶可夢裡有一隻叫可達鴨的鴨型寶可夢，牠的日文發音與日文的柯達相同，而柯達在世界各國的發音皆一致，據說寶可夢為了避免與英文的柯達商標重複，因此將可達鴨的英文取為 Psyduck。有趣的是，可達鴨進化後為哥達鴨，英文名稱卻依舊使用 Golduck（日文發音和柯達相似）。

另一個案例是鐘錶品牌勞力士（ROLEX）。有一說法是，勞力士在取名時，特意挑選了一個在任何國家發音皆相同的詞語，但勞力士本身並沒有對此發表評論，我們無從得知其中的真相。

有些品牌在不同國家的字母發音並不相同。例如，日本的照相機公司 Nikon，i 在日文的發音為／ɪ／，唸作「尼康」，但若是英語系國家，i 在英文的發音為／aɪ／，則是唸「奈康」；IKEA 也是，IKEA 公司總部位在瑞典，I 會念作／ɪ／，與日文的 IKEA 發音幾乎相同，但換作是英語系國家，i 則會念作／aɪ／。

Nikon 和 IKEA 兩者都是由簡單字母所構成，所以沒有什麼太大的問題，但這種想法在現在卻迎來了轉折點。

YouTube 已是世界級的媒體平臺，但其名稱在不同國家的發音卻不盡相同，因此，當有人提到 YouTube 時，來自不同國家的人，可能會不知道對方說的是哪間公司。

現代社會中，包括聲音在內的媒體於各個國家不斷蓬勃發展，但有些公司名和品牌稱呼卻可能成為擴展事業上的絆腳石。

哈根達斯聽起來很歐洲，卻是美國公司

消費者能否記住一個品牌，要看該名稱是否平易近人，以及能讓消費者聯想到什麼。

這裡介紹冰淇淋品牌——哈根達斯（Häagen-Dazs），哈根達斯雖然是美國的公司，但發音卻帶有歐洲的感覺，這正是公司的目的。

丹麥是乳製品大國，哈根達斯就是取自其首都哥本哈根的「哈根」，並結合語感一致的「達斯」一詞，創造出「哈根達斯」。**它本身並沒有什麼含義，只是為了讓消費者能聯想到歐洲形象而創造出來的詞。**

相關的日本例子則是入浴劑品牌——巴斯克林（BATHCLIN），BATHCLIN是由「Bath」（洗澡）和「Clean」（清潔）組合而成，意思是在洗澡時清潔身體。

巴斯克林原先是日本最大的中藥公司——津村（TSUMURA）旗下的品

牌，由子公司津村生命科學（二〇〇八年出售）銷售，並在二〇一〇年將津村生命科學更名為巴斯克林。由此可見，由於巴斯克林的品牌知名度相當高，以至於公司最後直接將名字改為巴斯克林。

還有一個例子，就是日本傳統甜點冰淇淋湯圓蜜豆。雖然這不是品牌名稱，但其簡單直白的名字，幫助人們了解這道甜點。

傳統上，許多和菓子都會取與商品本身毫無關聯的獨特名稱，舉例來說，相信各位可能聽過「虎屋羊羹」，但虎屋羊羹其實不是商品，而是品牌名稱。

虎屋羊羹最經典的商品是夜之梅。如果沒有搞清楚這一點，即使走進虎屋的門市想要買虎屋羊羹也買不到。這種命名方式在過去的和菓子業界中很常見，但現代人們希望商品名簡單好懂，而冰淇淋湯圓蜜豆則成為了一個契機，使和菓子的命名方式產生了變化。

為何雪肌精會在中國暢銷，巴黎萊雅會在英國大賣？

以國際的視角來看，思考命名時必須考量到視覺和聽覺的文化差異。根據不同的國家文化背景，有些國家的語言是視覺占優勢，有些則是聽覺。**簡單來說，字母文化是以聲音為主，漢字文化以視覺為主**，這取決於文字體系。

亞洲有些國家是漢字的文字體系，在這些國家銷售商品時，在視覺呈現上下功夫，消費者會更容易記住品牌名稱；對英語圈的消費者而言，與品牌形象相吻合的發音，才能幫助他們理解和記憶。

有研究顯示，中國消費者對字體等視覺要素較為敏感，而英國的消費者則是對播報員的聲音等聽覺要素較有明顯反應，這類差異，有許多研究實例可供參考。

日本的護膚品牌雪肌精就是一個。即使你無法理解「SEKKISEI」的發音，但在商店看到雪肌精的文字時，立刻會聯想到如雪一般的水嫩肌膚；法國的化妝品品牌巴黎萊雅，則是透過發音讓消費者記住品牌形象。巴黎萊雅的公司名稱源自創始人給染髮劑取的名字「Aureole」，Aureole 有光環的意思，這成功的讓西方人從光環聯想到光滑柔順的頭髮。

如上所述，有以聲音為主使人產生印象的文化，也有以視覺為主的文化，這種差異也影響著人們的生活方式。

在歐美國家，與聲音相關的媒體相當流行，但在日本和亞洲國家則以視覺媒體為中心。這或許可以解釋為什麼廣播在美國如此流行，但有聲書在日本卻不及歐美國家普及。

背景音樂可以改變行為

接下來，我們將進入聲音研究的第二項重點，深入探討音樂在「行銷與消費」中扮演什麼角色。

音樂可以喚起特定的品牌形象，或是給消費者留下良好印象，在品牌行銷中發揮重要作用。

自一九八〇年代以來，人們就一直在研究音樂與消費者情緒之間的關聯，音樂對消費者的影響可大致分為四大項：

1. 幫助理解品牌傳達的訊息。
2. 影響情緒。
3. 協助想起品牌。
4. 改變行為。

首先是第一點，幫助理解品牌傳達的訊息。

如果音樂與品牌想要傳達的訊息一致，或是音樂符合消費者喜好，就能幫助消費者更加理解品牌精神。比如廣告，如果廣告音樂的含義與傳達的訊息一致，那麼，這首音樂則有助於消費者理解品牌想傳達的訊息。例如，當一個品牌想吸引年輕人的目光時，如果播放符合年輕人喜好的音樂，消費者便能理解該品牌的形象和內容。

在歌詞中適當的重複品牌名稱，也能加深印象，但不能只是單調重複，這會讓消費者覺得很冗長。因此，我們必須在重複唱誦品牌名稱時，加入具有吸引力的聲音，便能獲得顧客的認同與肯定。

上述方法對大家來說可能早已司空見慣，但在媒體不斷推陳出新的時代中，這種手法反而會造成反效果。在電視當道的年代，觀眾被迫強制看廣告，所以這種方法有效。我在第二章中提到的牛奶肥皂，和湖池屋的電視廣告就是典型例子，在廣告中不斷重複「牛奶肥皂、完美肥皂」、「啵利吉、啵利吉、三角形的祕密」，就能加深消費者的印象。正如先前所述，許多人認為牛奶肥皂是商品名，但那其實是品牌名稱。消費者的誤解越深，反而越能達到宣傳效果。

然而，隨著電視媒體逐年衰退，在廣告中重複品牌或商品名，已經不像過去那樣有效。如今，網路廣告正在取代電視廣告，照搬過去的手法已經不再有用，隨著時代推進，廣告的製作方法也正在發生變化。

以前的電視廣告都會以令人印象深刻的影像、臺詞、訊息收尾，但現在網路廣告當道，不得不將重點放在影片開頭，加上現在的觀眾不會將網路廣告從頭看到尾，因此在製作時，必須考慮到觀眾會跳過不看。

此外，在電視廣告中添加音樂雖然有效，但不一定適合網路廣告。現代社會充斥著各種資訊，如果還要在廣告中加入音樂，反而會讓消費者處理更多訊息。

有證據表明，與背景音樂單純或沒有背景音樂的廣告相比，使用有訊息的背景音樂，反而使消費者更難理解內容。像是在歌詞中嵌入商品或品牌資訊，消費者在聽到時，必須消化這些訊息，反而難以掌握廣告內容。

許多人認為在音樂中加入品牌或商品資訊，會讓顧客更容易吸收相關內容，其實相反，就像人們不能一心多用一樣，感官和處理訊息的能力也不容易雙軌並行。

第二點，影響情緒。

構成音樂的元素有許多種，例如節奏、韻律、音調、打擊樂元素、新穎的聲音等。音樂能影響人的情緒，無論當下心情如何，當聽到音樂時，都會自動喚起不同心情。這在專業術語中被稱為音樂具體化的意義，是指特定的節奏、韻律會自動觸發人們情緒的現象。

低頻是奢華，高頻是親近

有許多關於音樂具體化的意義的研究實例。例如，比起平穩的聲音，節奏輕快充滿活力的聲音，更能激發正面情緒。此外，使用大調和高音演奏的音樂令人愉快；增加音量或加快節奏，會讓人樂觀向上。也就是說，響亮和輕快的音樂，更能促進人們擁有正向情緒。

接觸低頻音樂的消費者，心理上會覺得與品牌商品的距離很遙遠，因此，奢華品牌如果有意識的使用低頻背景音樂，更能有效讓消費者產生憧憬、嚮往的感覺；如果是日用品牌，則可以使用高頻音樂，打造親近感。

兒歌會讓人回想起童年時光

接下來是第三點，協助想起品牌。

目前為止介紹的，都是聲音自動觸發人類反應，而此點正好相反，是人們過去聽過的音樂，因為某種原因，讓人想起相關事物，這在語言學稱為「參照意義」。例如，許多人在聽到兒歌時會想起童年，是因為與過去經驗有關的聲音，會給人一種「啊，好懷念啊」的印象。

上述現象不限於小時候聽過的聲音，人們在一生中總是不斷的學習聲音，並透過某個契機回想起過去聽過的音色。

接下來我將介紹一個後天學習聲音的有趣案例。

哈雷機車的引擎聲很獨特，有哈雷機車經過時，機車愛好者一聽到就能認出「啊，是哈雷機車」。

哈雷機車的母公司——哈雷・戴維森電單車公司（Harley-Davidson Motor Company）認為哈雷機車獨特的聲音，是品牌識別的重要資產，為防止競爭對手模仿，該公司甚至嘗試為哈雷機車的排氣管聲音註冊商標（最終由於競爭對手反對，與排氣管聲音是否能被區分的觀點，導致哈雷・戴維森電單車公司放棄該計畫）。

附帶一提，有些歌曲後天給人的印象改變了歌曲原意。日本在一九六〇年代前沒有恐怖電影，加上當時也沒有適合的背景音樂，導致許多在一九六〇年代創作的現代歌曲，被拿來當作恐怖電影的背景音樂。

結果，當時被用在恐怖電影配樂的歌曲，現在拿來用在其他場景時，還是會讓許多人一聽就想到恐怖電影。因此，有很長一段時間，這些音樂的原意都無法獲得客觀評價。

比起從聲音中自然感受到其中蘊含的意義（具體化意義），當我們試圖透過過去學習聲音的體驗回想時（參照意義），後者在處理資訊上，會造成更大的負擔。例如，廣告加入音樂時，廣告呈現的方式會改變觀眾對配樂的反應。

影片訊息量大，就簡單配樂

有一項實驗調查了消費者對廣告配樂的反應，結果發現，即使兩個廣告內容相同，消費者也會因呈現方式，對背景音樂有不同的反應。

實驗中，兩個廣告內容皆相同，只是一個以戲劇方式呈現，另一個則以授課方式表現。比起授課型，戲劇型廣告反而會加重觀眾處理資訊上的負擔，這是因為戲劇型廣告並非直接傳達內容給觀眾，**因此會需要消費者費力解讀**

內容。

如此一來，觀眾往往不會深入解讀背景音樂，因為他們需要花費大部分的精力理解訊息，導致音樂的重要性下降，觀眾只能識別背景音樂的表層意義；而授課型廣告中，由於影片內容較淺顯易懂，消費者能將更多注意力放在配樂上，了解其所傳達的深層意義。

基於以上結果，即使是同樣商品，只要改變廣告傳遞方式與配樂，就能讓觀眾更容易理解產品內容。**關鍵在於降低觀眾理解的負擔**，並刻意引導消費者對商品產生印象。

聲音就是最有力的行銷工具

第四點改變行為，這一項應該最淺顯易懂，過去也有許多相關研究。

在零售商、餐廳等播放的樂曲，會影響消費者的行為、決策、選擇，**有研**

究表明，店內音樂的節奏快慢，會影響消費者的購物速度和總銷售額。如果播放緩和的音樂，不但可以拉長消費者在店內的時間，還能增加銷售額；在餐廳播放節奏舒緩的音樂，可以增加顧客的用餐時間。音樂雖然不能縮短消費者的等待時間，卻可以讓客戶在等候時心情愉快。

現代盛行網路購物，消費者在網購時無法實際接觸商品，如何將產品體驗傳達給顧客變得越來越重要，特別是食物等重視感官體驗的商品，若能透過網路將感官方面的資訊傳達給消費者，將可能彌補網購體驗的不足。

聲音對味覺其實會產生很大的影響。有許多實驗研究了聲音如何影響人類的感官，有研究表明，吃東西或倒飲料時的聲音，會影響人們判斷食品的新鮮度和味道。

當洋芋片發出清脆聲時，消費者便會感受到洋芋片的口感和新鮮程度；倒飲料傳來響亮的氣泡聲時，顧客則認為該飲料含有許多碳酸。酥脆和碳酸等聲音影響著我們的感官，**日常生活中充滿著感官相互作用**。

有關聽覺和味覺相互作用的研究，其中有研究顯示，比起苦味和鹹味，甜味和酸味更適合搭配高頻率的聲音，因此，一邊聆聽高頻率音樂一邊喝葡萄酒，會更美味。

資訊量不是越多越好

目前為止，我們列舉了許多聲音影響消費者的例子，但要注意的是，這些資訊量不是越多越好，如先前所述，人們對事物的注意力有限，我們沒辦法關注周遭所有的事物，因此當資訊量過多時，反而會迫使人們分散注意力。

某研究也表明，當人們在面對多種媒體時，最終可能只有一種媒體能抓住人們的視覺和聽覺。

此外，當視覺刺激和語言刺激重疊時，消費者將不得不分散注意力去處理接收到的資訊，例如在影像中添加不相關的文字資訊。沒有意義的增加資訊量，反而大大消耗觀眾的認知能力，導致無法將廣告訊息傳遞給觀眾。雖然聲音是非常重要的行銷渠道，但我們也不能一味增加，而是必須善用方法。

2 高級還是廉價？聲音能發揮影響力

當大家在閱讀時，腦海中是不是會響起聲音？比如翻閱漫畫時看到「轟隆」、「咚」、「碰」等狀聲詞時，腦海中應該會有聲響吧？然而，在開發和設計產品時，這件事卻鮮少有人關注，相關研究也不多，因為人們很少注意這些發揮輔助和間接作用的音色。

即便如此，也不代表日常中不被注意的聲音，對企業和消費者就沒有價值。雖然人們難以察覺它們的重要，但這類扮演輔助或發揮間接作用的聲響，其實會造成很大的影響。

不過，一件產品的功能是否達成消費者的期待，聲音往往在背後發揮關鍵作用，例如開關車門。

關門聲常被認為是體現汽車品質的象徵，如果關上車門時發出「磅」的聲音，會讓人覺得很廉價，但如果是「咚」的沉重聲響，則會給人高級、昂貴的感覺。

由於日本車很輕，關門聲也相對較輕，這一點一直以來都引人詬病。雖然有人會想「那增加車門重量不就好了嗎」，可是如果車門變重，車體重量也會增加，更耗油。對於追求性價比的製造商來說，實在是很困擾。

為了克服上述問題，日本汽車製造商提升了聲音方面的技術，在不增加車體重量的情況下，成功做到在關車門時，可以發出厚重的關門聲。類似案例還有德國的汽車製造商ＢＭＷ，ＢＭＷ為了讓電動車發出的行駛聲具有昂貴奢華感，甚至委託以《神鬼奇航》（*Pirates of the Caribbean*）主題曲聞名的電影音樂大師——漢斯・季默（Hans Zimmer），為ＢＭＷ打造專屬音效。

光聽叫聲就能分辨是杜賓犬還是吉娃娃

聲音之所以能發揮上述作用，是因為人類會根據聲音，推測物體性質。以動物叫聲為例，我們知道叫聲的音量和音程（按：兩個音之間音高的距離）與動物大小有關。像杜賓犬這樣的中型犬，聲音響亮而低沉；而吉娃娃這類小型犬，叫聲則高亢且柔軟。即使你從未見過某種動物，也能根據其身形猜出牠的叫聲。

有時候，上述的預期心理可能會被反過來利用，日本能樂中的大鼓和小鼓就是典型例子。

一般來說，樂器越大聲音越低，越小則越高，但在能樂的樂器中，大鼓會發出高音，小鼓則是低音，是因為在製作過程中，改變拉伸皮革或浸溼的方式，可以調整鼓聲的高低。利用實際演奏與人們對樂器的認知差異進行表演，會讓觀眾感到意外，並有效吸引關注。

聲音和物體大小之間的關係，與前一段介紹的聲音象徵性有關。就像怪獸的名字中通常有濁音一樣，人們可以從單字聯想到特定事物，這就是聲音的象徵性，之所以會如此，是因為人類有能力推測聲音和物品之間的關係。

聽到未知的音色時，我們可以推測發出聲音的物體是什麼形狀、材質。即便是完全沒有見過的東西，我們也能憑經驗猜測。

當我們聽到「咚」的音調時，可以判斷是鐵塊掉在地上的「咚」，還是揉麵團時發出的「咚」。而我們想判斷物品表面是否粗糙時，人們會用手觸碰物體表面，或靠摩擦聲判斷。雖然用摸的就能知道是粗糙還是光滑，但即使不用手，光用聽的也能知道，人類天生便能將聲音和物體表面狀態聯繫起來，且透過後天的經驗，這項能力會更敏銳。

日本巴黎萊雅成立的調查與創新中心，正在試行一項將頭髮狀態轉化為聲音的有趣服務。他們使用高靈敏度的感測器檢測頭髮表面摩擦的細微變化，並將該狀態透過人為聲音表現出來，用戶便能藉此掌握毛髮的健康狀況，如果感測器發出絲滑聲，代表頭髮很健康；若發出粗糙聲，就表示頭髮已受損。

上述案例清楚展示了，人們僅靠聲音就能了解物體狀態。

靠聲音反轉顧客評價

到目前為止，我們一直在探討人類如何藉由聲音判斷事物，但人們其實也會潛意識推測物品可能發出什麼聲音。從結論來說，比起從外觀猜測物體可能發出什麼聲音，靠聲音判斷是何種物體的準確度更高。

假設你看到一個銀色物體，可能會認為「敲下去會發出金屬聲」，但當你實際觸碰它時，卻發現它只是外表塗成銀色的木頭。

以下舉一個有趣的實驗，它是在比較兩臺榨汁機。

實驗者讓觀眾看兩臺榨汁機實際運作的影片，一臺是看似脆弱的榨汁機（體積較小，外觀為簡單的橢圓形，顏色為白色，並用透明塑膠製成），另一臺則是看似堅固的榨汁機（體積較大，形狀垂直，外觀是滑順的曲線設計，顏色使用銀色和黑色）。

當看似脆弱的榨汁機發出堅固可靠的運轉聲時，觀眾都相當驚訝。該榨汁機的外觀看起來很便宜，許多人都認為「聲音一定聽起來很廉價」、「感覺不是很好用」，但是當實際運轉時，其外觀與運轉聲的反差，反而讓觀眾覺得「這臺榨汁機真不錯」；當看似堅固的榨汁機發出廉價的運轉聲時，觀眾則會失望，心想「看起來這麼堅固，結果居然是便宜貨」。

人們會根據榨汁機的外表預測其所發出的聲音，如果實際運轉聲超越消費者期待，他們便將給予高評價；反之則給予低評價。**這種顛覆預期的心理，會使消費者對產品的評價產生變化**。

在另一個類似的實驗中，實驗者比較了兩臺吸塵器，一臺看似堅固（體積較大，有稜有角的銀色金屬設計），另一臺則是外表可愛（外觀為圓曲線設計，顏色為乳白色），結果消費者的反應與榨汁機實驗相同。

高頻率的聲音，吸引人

當人類聽到聲音時會帶動其他感官，科學家針對這一點做了許多調查，其中有不少實驗研究了該現象對產品認知所造成的影響。

例如前面簡單提到的洋芋片實驗。

實驗者事先錄好咀嚼洋芋片的聲音，並增大、減小該音量，讓參與者一邊吃洋芋片，一邊戴耳機聽事先錄好的咀嚼聲。

預錄好的聲音有多種版本，像是「喀哩喀哩」或是「嘎哩嘎哩」等不同類型的音色。實驗結果顯示，清脆聲越大，參與者便會感覺洋芋片的口感更加酥脆。

參與者在實驗中吃的洋芋片都一樣，且洋芋片本身並不會發出太大的聲音，但大腦卻會被聲音欺騙，讓參與者隨著大小聲，而感受到口感上的差異。

有趣的是，**實驗結果證明，如果實驗者只放大高頻聲音，參與者會很明顯**

的認為洋芋片很新鮮、應該剛開封沒多久。但是，當實驗者放大低頻時，則不會有太大影響。如果錄下啃咬紅蘿蔔和折斷芹菜時的清脆聲，並只放大其高頻率的聲音，會讓聽者覺得食材很新鮮；如果讓參與者一邊吃新鮮食材，一邊聽低頻率的聲音，會改變食材的口感嗎？結果證實並不會。

這項研究結果顯示，只要調整聲音頻率與整體音量，便能影響消費者的感官。業者可以利用改良聲音，讓電動牙刷的使用體驗更舒適，或是靠氣泡音效，讓消費者感覺到氣泡飲料的爽快口感。當人們一邊聽著氣泡音一邊喝碳酸飲料時，即使飲料本身沒有太多碳酸，也能讓人們覺得很有氣泡感。

廣告經常運用這種方法，如果能充分活用，便能讓觀眾留下印象，讓消費者認為廣告中的氣泡飲料，比其他公司的還要多。我們在第一章提到，航空公司在乘客用餐時改變背景音樂，也是聲音調味的例子之一。

你也掉入了店內音樂的陷阱

聲音可以影響其他感官，如果善加活用背景音和環境音，就能營造一個場所和服務的氛圍。接下來，讓我們來看看一些實際案例。

零售商是企業和消費者之間的接點，有關市場行銷的背景音和環境音的研究，通常都是在零售商進行。店家會有意識的控制店內的聲音，店內音樂就是一個經典案例。

科學家廣泛研究了背景音樂如何影響消費者的情緒、態度、行為，研究方向大致分為以下三類：

1. 節奏。
2. 類型。
3. 音量。

科學家針對以上三項要素進行相關考察。首先是音樂的節奏，有研究顯示，店內的音樂節奏與消費者的購物速度有關。我們在前一個章節中有簡單討論過，當消費者聽到節奏較慢的音樂時，走路速度也較慢，這會拉長消費者接受服務的時間，或待在店內的購物時間，增加消費機會、提升購買量。

曾經有一項實驗，在一家超市內分別播放節奏輕快和緩和的音樂，實驗結果顯示，消費者在節奏緩慢的環境中花費了更多的時間和金錢，讓超市的銷售額增長了三八％。

先前我們介紹過關於餐廳內音樂節奏的相關研究，比起節奏較快的環境，在節奏溫和的環境下，人們的用餐速度會變慢，便能延長用餐時間，並讓客人喝下更多飲料。相關研究證實，光是改變餐廳的音樂，飲料的銷售額便增加四一％。

日本的牛丼連鎖店和便利商店的店內音樂也是，其背景音樂的設計比我們想像得要更縝密。這些商店過去都是播放有線廣播，其中，消費者普遍對爵士樂的接受度較高，因此許多商家都會播放爵士樂的頻道。

但是現在，每家公司會配合自家行銷方式改變店內音樂，通常會分為早上、中午、晚上、深夜等時段，以一小時為單位，製作不同風格的音樂。早上是爽朗輕快的曲風，中午是明亮的流行歌曲，晚上則是沉穩的西洋音樂。除此之外，最近許多店家還會加入談話節目，或是插入廣告。

雖然我剛才把牛丼店和便利商店放在一起舉例，但兩者播放的音樂差異甚大，希望大家可以實際體驗看看，牛丼店的節奏應該會比便利商店還要快。

店內音樂風格取決於業務型態，因為很少人能一次吃兩、三碗牛丼，所以顧客在牛丼店的消費金額幾乎差不多，因此店家才會播放快節奏的音樂，讓顧客早點吃完早點離開，增加翻桌率。

另一方面，顧客在便利商店停留越久，越容易多買東西，有調查指出，消費者通常會在便利商店待上三至四分鐘，因此超商會想辦法拉長顧客的停留時間，這就是為什麼便利商店會配合時段播放節奏較慢的音樂、製作播放清單。

休息十分鐘，像休息了一小時

接下來要介紹一個我們親身體驗過的有趣故事。

有一間大型物流公司找我們諮詢，該公司的業務主要是管理倉庫和配送，但員工往往都待不久，因此很缺人手。最快的解決方法是提高員工薪資，但能提高的範圍有限，該公司向我們提出，希望能創造一個良好的工作環境，藉此提高員工留下的比例。

我們將焦點放在員工休息室的聲音。

有研究表明，音樂會影響人們對時間的感覺，即使花費一樣時間，但憑藉不同音樂，人們體感時間會變長或縮短。舉例來說，員工的休息時間通常是十至十五分鐘，如果在休息室播放快節奏音樂，員工便會覺得十五分鐘非常短，但當播放緩慢的旋律時，人們往往會覺得時間變長了。因此公司可以播放慢節奏的曲子，給員工一種休息時間很長的錯覺。

然而，**音樂之所以能在牛丼店、便利商店、物流倉庫發揮影響力，是因為人們是在潛意識中被節奏影響**。在播放著緩慢背景音樂的店裡，不會有人是有意識的讓自己的行為變慢，倒不如說，當人們刻意想放慢速度時，反而辦不到。讓人們在不知不覺中被音樂影響才是關鍵。

有研究顯示，人們在事後無法回想起聽過的背景音樂，許多情況下，我們甚至沒有注意到店家在播放音樂。

你還記得今天中午去的餐廳或下班後去的書店，播了什麼樣的音樂嗎？即使周圍有聲音，人們有時也幾乎察覺不到，我們很有可能根本不會意識到聲音何時響起、何時結束。正因為不會被人們發現，才被稱作「背景」音樂。

電車離站提示音，從嗶嗶聲變成音樂

人的精神狀態，很有可能在潛意識中被背景音樂左右。

節奏緩慢的音樂可以抑制憤怒，因此，當零售商或餐廳出現排隊人潮，顧客開始有些煩躁時，店家可以嘗試播放緩慢的古典音樂。

節奏輕快的背景音樂會令人興奮，無論當下心情愉快與否。有實驗證實，在銀行播放快節奏的音樂，顧客對行員的態度親切，而且還會向行員微笑打招呼或主動攀談等。

日本的鐵路列車在離站時播放節奏緩慢的旋律，也是為了這一個效果。以前列車要離站時，會播放鈴聲來提醒乘客。但是，在經濟高度成長時期，尖峰時間人潮擁擠，車站人滿為患，越來越多人聽到鈴聲就心浮氣躁。當你在繁忙的早晨匆忙趕電車時，如果聽到尖銳的「嗶——」聲，可能會更煩。人擠人已經夠累了，尖銳的鈴聲只會讓乘客更不爽而已。為了解決該問題，日本在一九八〇年代引進帶有旋律的提示音。

有些人可能不了解，為什麼電車在到站或離站時，都會播放輕鬆、舒緩的音樂，主要是為了緩解乘客煩躁的情緒。

播放法國音樂，提升法國葡萄酒銷量

到目前為止，我們都在說明節奏如何影響消費者的購物速度和對時間的認知，但其實消費者聽到背景音樂後產生的聯想，可能會影響其選擇的商品。

有一個關於法國葡萄酒和德國葡萄酒銷售額的著名實驗。

實驗者在一家擺放法國葡萄酒和德國葡萄酒的商店內，交替播放法國音樂和德國音樂，實驗時間為期兩週。結果很明顯，播放法國音樂時，法國葡萄酒的銷量增加；播放德國音樂時，則是德國葡萄酒的銷量提升。

這項實驗是在歐洲進行，因此消費者能區分出法國音樂和德國音樂。該實驗顯示，使用富含國家印象的歌曲，能激發消費者的相關知識，如果活用上述現象，將能影響消費者的選擇。該實驗看似單純，但關鍵在於能讓消費者在潛意識中下決斷。

這種誘導聯想效應也能運用在產品價格上。

同樣是在葡萄酒零售商進行的實驗，實驗結果顯示，比起播放時下流行歌曲，當播放古典音樂時，高價葡萄酒的銷量將有所提升，可見消費者會不自覺將古典音樂與葡萄酒想在一起。

考慮到背景音樂會左右消費者選擇產品，零售商便可以利用這種聯想效應來引導消費者。如果店家有鎖定的客群，可以挑選適合該客群的樂曲，以建立深厚聯繫。

無印良品會利用店內音樂表達品牌形象。透過聲音讓顧客回想起樸實無華，卻又精緻的生活，並以十六個國家和地區的傳統音樂為軸心製作。有趣的是，雖然無印良品的音樂聽了讓人覺得「很無印良品的風格」，但當問消費者：「你還記得無印良品播放什麼樣的音樂嗎？」他們又很難答出來。這一點相當重要，因為無印良品的背景音樂，就是不要讓你太關注。

如果讓顧客過度意注意店內音樂，反而會忽略商品，因此，無印良品店內音樂會影響感官，但不會讓人特別在意。

店家的選曲不一定會影響銷售額或顧客的來店意願，但對企業來說，利用消費者會被音樂影響的特性，選擇什麼樣的背景音樂，已成為企業值得深入探討的行銷戰略之一。

此外，無印良品藉由宣傳並販賣自家的店內音樂，進一步提升品牌形象。除了能讓消費者專注在商品，且音樂本身還具有商品價值，可說是一石二鳥之計。到目前為止，無印良品共發行了二十五張專輯，並有三百多首歌曲上架至音樂串流平臺。

音樂也能拉高你的敵意

音樂可以帶來好的影響，也能讓人們擁有厭惡和敵意的情緒。

目前為止，我們介紹許多音樂如何讓人開心的案例，接下來讓我們來看它如何讓人擁有負面情緒。

美軍將大音量的音樂用於心理戰，用來擊退和擊敗敵軍。一九八九年，巴拿馬軍事最高領導人曼紐．諾瑞嘉（Manuel Antonio Noriega）對美國發起政變時，美軍曾利用聲音逼迫他投降。

諾瑞嘉占領巴拿馬首都巴拿馬城的梵蒂岡大使館，美軍在進攻巴拿馬城鎮壓政變後，對著梵蒂岡大使館以大音量持續播放硬式搖滾樂團槍與玫瑰（Guns N' Roses），和重金屬搖滾樂團范．海倫（Van Halen）的歌曲，迫使諾瑞嘉投降。美軍之所以這麼做，是因為諾瑞嘉以喜愛歌劇和痛恨搖滾樂聞名。這個案例充分讓人了解到聲音的恐怖之處。

此外，在伊拉克戰爭時期，美軍將重金屬樂團金屬製品（Metallica）的歌曲用於審問恐怖分子，當金屬製品的成員得知此事時，曾要求美軍停止使用。

聲音還可以成為非致命武器。日本海上自衛隊裝備了長距離揚聲裝置，該裝置能以大音量聲波或發出讓人不愉快的音頻，攻擊遠距離的標的，透過聲音讓對象喪失鬥志，達到威嚇效果。

想要趕走年輕人？播放古典音樂

雖然以下案例沒有像軍事行動那麼淺顯易懂，但日常生活中，有些店家會利用音樂阻止非目標客群光顧，例如，播放古典樂讓年輕人離開特定場所。

加拿大的公園、澳洲的車站、英國的海邊商店、美國的7-Eleven停車場、倫敦的地鐵站等，都會播放歌劇和古典音樂，以驅趕可能製造問題的人士。**這些場所播放古典音樂不是為了讓人們心情好，而是要避免某些麻煩人士進入該場域。**

在英國坎伯韋爾（Camberwell）的某間麥當勞，為了不讓年輕人在門口逗留，店家會在店外播放古典音樂驅趕年輕人。根據倫敦交通局二〇〇五年一月發表的報告，倫敦地鐵曾嘗試在部分車站播放古典音樂，結果顯示，地鐵站內的強盜事件減少三三%，對職員的攻擊行為減少二五%，破壞列車和車站的行為則減少三七%。而在第一章中也有介紹，A&F會播放聲音大的音樂阻止成年人進入店內。

我們終究無法操縱所有聲音

本章節介紹了聲音發揮輔助或間接作用，以及人為設計的環境音和背景音，然而，行銷人員並不能掌控所有聲音，沒有人知道自己設計的音效是否能發揮預期效果。

例如，福斯汽車（Volkswagen）新型金龜車的車門會發出厚重的關門聲，卻也會讓人聯想到車門的重量，這可能是一項缺點，它會讓消費者擔心這臺車可能很耗油，目前汽車製造商仍在努力解決該問題。從這個案例可以看出，我們無法完全控制人們對聲音的感受。而環境音更是難以掌握。

我們目前正在製作可用於智慧型手機上的語音導覽系統。在建構系統時，我們必須根據使用場景來設計聲音，如果我們設計的聲音會過度吸引使用者注意，將可能導致用戶無法專心在周遭路況或其他事物上，進而發生交通事故。

因此，我們在設計語音導覽時，要降低引發生事故的風險，像是常使用者在過馬路時，語音導覽系統會強制關閉，讓使用者的注意力轉移至路況。

發揮輔助和間接作用的聲音，與背景音之間的相互作用非常複雜，我們會在第四章更詳細說明。

3 音調語速，流量關鍵密碼

我們已經透過許多案例說明輔助性的聲音、自然音、環境音，如何在不知不覺中影響人們對產品和服務的認知，但它本身其實也具有非常重要的意義，接下來讓我們看一些例子。

網路廣告投放總金額，已超越印刷廣告

日本二〇二一年的廣告投放總金額中，網路廣告金額為兩兆七千零五十二億日圓，較前一年增加了二一．四％。就規模而言，這已超越了四大媒體——電視、廣播、報紙、雜誌的廣告總支出（兩兆四千五百三十八億日圓），這是

網路廣告第一次超越傳統廣告。

從網路媒體廣告支出的細項來看，其中貢獻最大的是「動畫檔案格式（影像和聲音）的廣告（影片廣告）」，與前年相比增長了三二・八％（見下頁圖）。影像廣告和聲音廣告在市場中占有一席之地，兩者的共同點為皆含有聲音要素。

雖然影片廣告看似蓬勃發展，但諷刺的是，大多數消費者的目光移向廣告，並不是為了觀看內容，而是在尋找跳過廣告的按鈕。

相信大家在YouTube等影音平臺看到廣告插入時都會翻白眼，更有許多人在廣告出現的瞬間，就已經準備好按下略過按鈕，製作公司也很清楚這一點。在網路的廣告影片中，最重要的是如何在觀眾略過前，將訊息傳達給觀眾。在按下按鈕前，會有約五秒的時間，就算無法跳過的廣告，也只有十五秒左右。

消費者會盡可能不去看廣告，在這種情況下，便只能靠聲音強行傳達資訊。毫不誇張的說，聲音可說是現在傳達產品和服務訊息的唯一方式。誰該用

網路廣告金額構成比例（按廣告類型劃分）

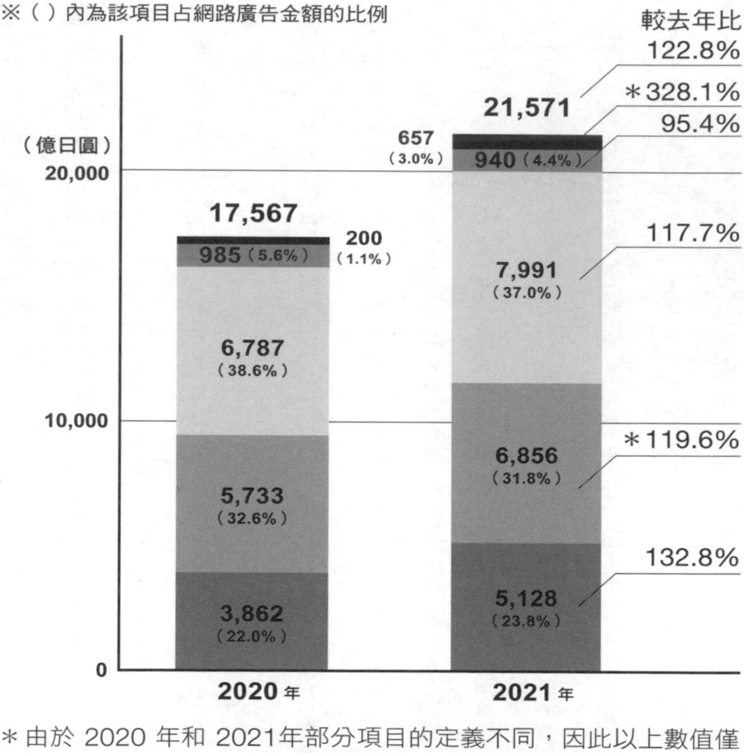

＊由於 2020 年和 2021年部分項目的定義不同，因此以上數值僅供參考。

・2020 年前，包含在顯示廣告中的商業搭配廣告，2021 年開始被列入其他網路廣告中。

■ 影片廣告 ■ 顯示廣告 ■ 搜尋廣告 ■ 聯盟式行銷 ■ 其他網路廣告

出處：https://www.dentsu.co.jp/news/release/2022/0309-010503.html。

什麼樣的語調說話，該在影片中加入什麼樣的音樂，已經成為影響廣告效果的關鍵。

最近許多網路上的廣告影片都沒有花太多功夫在影像上，因為即使砸錢在上面，也會被觀眾跳過，不如將預算改用在聲音。比起精緻的影像，如偶像般的可愛女孩子竊竊私語的說話聲，反而更能吸引觀眾，這就是如今網路廣告的現實。

音調溝通，語氣很重要

在語言交流中，除了說話的內容，怎麼表達也是重點，這裡指的不是措辭，而是指語氣和聲調。即使是同樣內容，根據說話快慢或男女聲，對方可能有不同解讀。

在專業術語中，語言內容或文字內容被稱為「語言溝通」，而與聲音特徵

有關的訊息則被稱為「音調溝通」，一般情況下，我們的聲音資訊包含了以上兩種訊息，文字只包含文字訊息。根據不同表達方式，語言所傳達的印象會不一樣，所以你用什麼語氣和聲調，有時會比你講什麼更重要。

舉例來說，假設你原本下班就要直接回家，但同事突然約你出去喝一杯，於是你打電話問家人：「我今天可以跟同事出去喝一杯嗎？」家人回：「可以啊。」但是不是真的可以又是另一回事。人們經常嘴巴上說著可以，心裡卻不是真的這麼想。如果家人的語氣聽起來不好，有些人會顧及家人的心情而直接回家。

再舉個例子，你在和客戶通電話，客戶說：「聽起來不錯，日後有機會的話真想試試。」應該很少人光憑這樣，就認定顧客真的很想試吧。如果實際聽到講話的語調，人們可以在一定程度上判斷客戶是不是真心話。即便對方說「我會再想想」或「我會積極考慮」，但光憑語氣，你就知道他根本沒興趣。有些訊息只有非語言溝通才能傳達，因此在商務領域中，直接聽取對方的聲音對業務決策相當重要。

接下來，我們將介紹其中幾項研究，說明聲音特性在當面銷售、電話訪問、演講時所產生的效果。

這些研究主要著眼於兩個部分：聲音的音調和說話速度。這兩項會大大影響聽眾，而且是聽者判斷談話內容可信度的基準，更進一步說，對方也會依據這兩項來判斷說話者的性格。

低音＋慢慢說＝最好的聲音

心理學和語言學的研究表明，比起音調高的聲音，低音反而容易給人好印象。根據英國語言學家安德魯・林（Andrew Lin）二〇〇八年的一項研究，人們認為《哈利波特》（*Harry Potter*）中扮演石內卜一角而聞名的艾倫・瑞克曼（Alan Rickman）擁有「理想的聲音」，而他正是低音頻的聲音。

有趣的是，無論是哪個國家或語言，偏低的說話聲普遍會被人認為是好聲音。例如，日本漫才組合麒麟的川島明，在段子中把自己的聲音描述為好聲音，而他的聲音也是男中音。

由於人們潛意識認為好聲音就要低沉，因此聽到川島明這樣描述自己時，也不覺得奇怪。由此可見，高低音具有超越語言特性和文化差異的影響力。

在一九七〇年代至一九八〇年代間，盛行與好聲音、低音、高音的相關研究。某一項實驗發現，與說話低沉的人相比，講話高亢，容易被別人認為內容缺乏真實性、欠缺協調、沒有說服力、神經質等；另一項研究也顯示，說話者的音調越高，越容易讓人覺得他能力不好，並且覺得他個性不是很善良。由此可見，聲音高低會左右談話內容和對說話者的印象。

有一些研究將焦點放在說謊時的聲音表現，**根據研究結果顯示，當人們說謊時，音調通常會變高**，因此在懸疑劇中，角色在說謊時音調經常上揚。

這些研究都表明，高音讓人聯想到壓力、神經質和恐懼等印象；低音則容易給人一種會說實話的感覺。最關鍵的是，聽者會自行消化訊息並做出判斷，說話者沒有辦法左右。

低沉音色讓人覺得可靠

兒童節目中一定會有狡猾的角色或壞人，他們的聲音也有某個共同點，例如《哆啦A夢》的小夫，和《麵包超人》的細菌人聲音音調都很高。節目利用人們對聲音的認知特性，為反派角色設計較高的音色，讓觀眾直覺的對角色產生負面連結；而聲音低沉的人，則有可能是好人。

沉穩的聲音可以讓聽者產生好感，即使內容和自己沒有太大關係，但觀眾都可以接受他說的一切。就某種意義上來說，只要講話低沉，便能獲得觀眾信任。

各位看到這裡可能會想：「既然如此，企業只要聘請聲音低沉的人出演廣告，不就能增加產品銷量嗎？」各位想得沒錯。

有一位已故的美國傳奇配音員名叫唐・拉方丹（Don Lafontaine）。據說拉方丹在生涯中為五千多部電影預告片，和無數的電視、廣播廣告配音，YouTube 上有許多過去他配過的電影預告片，各位如果有興趣可以去聽聽看，他的聲音雖然非常低沉有深度，但如果仔細聽，會發現他的發音並不清晰。然而，他低沉的音調有效提升消費者對商品的好感和信任，因此仍收到許多工作邀約。

雖然我們先前談論到，低沉音色之所以會提升人們的信任，與人類處理訊息的方式有關，但也並不一定是大腦機制的關係。

以下純屬我們猜測，我們認為文化因素對聲音認知產生了很大的影響。例如，當我們去法律事務所諮詢時，比起高音調，低沉音色往往讓人覺得可靠，我認為這與法律界長久以來由男性主導有關。

近年來，人們逐漸意識到這種性別差距，例如，過去藥品廣告的旁白大都由男性擔任，最近有些廠商則開始採用女性旁白。從長遠來看，時間的累積可能會改變人們對聲音的認知，但就目前現況來說，低音還是較能讓人有好感。

說話速度快，被認為更有能力

接下來，我們要探討說話的速度。

有許多經驗和證據表明，在市場行銷中，語速快比慢慢講更具說服力。一些研究顯示，**說話速度快的人，往往會被認為更有能力、做事可靠、知識淵博、較為客觀、性格誠實、態度認真和具有說服力**。

在一九六〇至一九七〇年代，電視爆炸性成長並普及至各個家庭，許多與聲音有關的研究都是在這個時期進行。在此期間，許多企業都積極的在電視上投放廣告，但由於時段有限，因此，電視臺將廣告快轉，縮短廣告實際播出的時間，以便塞入更多廣告。

許多研究都聚焦在快轉廣告對觀眾產生的影響上，而研究結果證明，**比起正常的說話速度，人們更喜歡稍微偏快的語速**。

對方語速太快時，觀眾為了理解內容，反而會不自覺集中注意力，試著跟上說話者的談話速度，這與第一章和第二章強調的重點有關：人們不喜歡主動積極獲取資訊。因此，當說話者語速緩慢時，聽者也不得不緩慢的理解，這種情況反而更消耗聽者注意力；如果語速較快，反而能悄悄吸引聽眾，**他們也不會覺得自己在刻意追趕內容**，這種情況下聽眾更輕鬆。研究也顯示，時間被壓縮的廣告讓人更有好印象及好感。

英語的倍速學習就是相關實例。有些學習英語的 App 有倍速播放功能，這個功能除了能訓練英語聽力外，還可以提升注意力及學習效率。

人的耳朵會適應速度，一開始調為一．五倍速時，幾乎聽不懂內容，但過一陣子後，如果將聲音調慢為一．三倍速，人們便會有一種速度變慢的感覺。在中途調慢語速，有助於大腦處理訊息。

當我有一本不想讀卻不得不讀的書時，我會使用朗讀程式倍速播放，利用速度引導自己專注在書本內容上。

一九九〇年代播放的日本兒童電視節目《Ugo Ugo Ruuga》中有一個名為「橘子星人」的角色，橘子星人是當時所有兒童節目中，講話最快的，也非常受歡迎。橘子星人的語速是為了吸引兒童，當然，觀眾並不會知道其背後的用意，而是會不自覺被橘子星人的快速說話方式抓住目光。

雖然不知道你在說什麼，但感覺很有道理

剛剛提到，廣告中較快的語速會吸引人、提升人們的理解力，並讓觀眾對廣告產生好感，有人對此提出異議，認為有更合理的理論。在該理論中，「聽者會對廣告產生好感」這一點不變，但除此之外的論點就不同，而許多人認為該理論更具說服力。

廣告中的語速越快，聽眾越難理解內容，導致人們放棄觀看。儘管如此，**該理論卻認為：「人們即使不明白廣告內容，也可以產生好感。」**為什麼？因為廣告語速太快，人便會將焦點轉移至說話者的聲音是否討人喜歡，或廣告中的其他要素上。也就是說，當語速太快時，觀眾就會無視內容，而語速較快的特徵，可能成為消費者產生好感的推手，而且，對廣告有無好感，跟是否有看完無關。

由於聽不懂內容，看的人反而會將注意力放在說話聲上，如果讓人感覺「這個人說話流暢且音調又低，應該很值得信任」，便會喜歡這則廣告。

該理論的重點是，**講太快雖然會讓聽者無法理解內容，但如此便可將注意力轉移至聲調高低等其他要素上，最終對廣告產生好感。**

讓我們將不同音調和說話速度重新組合並整理吧。

先前介紹過的研究表明，比起低音，高亢的聲音聽起來很不可靠。然而，**當用高音調快速說話時，卻能給人一種富有智慧的感覺**，因為講太慢會讓人不想聽，因此用高音調快速說話，反而會讓聽者更容易弄懂，並帶來「這個人好像很厲害」的印象。

綜上所述，最理想且最能吸引聽眾的說話方式，便是用低沉語調快速說話；其次依序是用高音快速講、低音緩慢說話，而最難得到聽眾信任的則是高音調慢慢講。

購物頻道主持人講話都很快

無論聽者對講者產生好感的依據為何，當聽到有人快速說話時，相信許多人可能都曾覺得「雖然不清楚對方在說什麼，但感覺他說的是對的」，其實在日常生活中，有許多相似例子。

在日本廣播業界中，主持人透過話題吸引聽眾，並提升消費熱度的能力被稱作「卡路里」。有數據顯示，在廣播節目中，由高卡路里的主持人販賣商品，客戶的退貨率很低。因此在業界中，卡路里越高的主持人越受到青睞。

從聲音研究的角度來看，卡路里高低與說話快慢有關。卡路里較高的主持人容易興奮，人們在此狀態下講話會變快，當主持人說很快時，聽眾便會被吸引注意力，如果偶爾穿插一些緩慢的對話增加起伏，便能讓觀眾覺得「這個人介紹商品時的感覺真不錯」，這就是話術。善於說話的人不怎麼在意內容，**最重要的是如何在談話中創造輕重緩急**，這才是抓住聽眾的關鍵。

廣播廣告中，主持人說話的間隔，不影響觀眾理解內容和對廣告的評價。然而，說話速度和音調高低卻會左右消費者的情緒。如同先前所述，最好的說話方式是低音且快速說話，最難吸引聽眾的則是高音慢速說。

日本知名電視購物頻道「Japanet Takata」的創辦人高田明，便是以獨特的高音和快速說話方式聞名，但這也會讓聽眾聽不懂內容，所以觀眾反而會注意到放在廣告中宣傳的「買到就是賺到」這句話。

廣播節目中的卡路里，與上述 Japanet Takata 的例子都是相同概念，觀眾是否聽懂並不重要，倒不如說，廠商有可能是刻意調快廣告語速，讓聽眾對廣告產生某種印象（當然，不一定每位聽眾都會產生好感）。

消費者對廣告的好感度，會間接影響購買意願，而廣告中的說話速度會左右消費者的購買意願，因此，在廣告中使用講話快的旁白，也許會成為客戶購買的契機。許多企業為了傳達廣告內容，會用緩慢語調介紹商品和服務，但正如先前所述，這種方式不見得會讓觀眾有好印象。

使用辣妹語，是為了建立同伴意識

除了聲音高亢低沉和語速外，我們還需要探討其他聲音特徵，例如語調（語氣）。有研究證明，語調會替話語增添新含義。

舉例來說，當一句話的結尾語調上升，例如：「這不是很奇怪嗎？」聽者便會知道這是疑問句，但如果句尾語調下降，則會被認為是說話者的斷定或主張。

當語氣變化時，「這道菜很好吃？」和「這道菜很好吃」的意思也會改變。「這道菜很好吃？」代表疑問或徵詢同意。例如，當年輕人在交流時，經常能聽到他們的句尾會上揚，最典型的例子就是一九九〇年代後的辣妹語，除了日本外，美國也一樣。

美國辣妹的經典例子是山谷女孩（加州女孩，Valley girl），山谷女孩說話句尾都會上揚，在美國的連續劇中，加州的女孩們幾乎都說辣妹語。**年輕人之所以使用這種說話方式**，是因為他們了解語調會給人帶來什麼印象，也是在**尋求贊同和形成同伴意識**。

讓我們來看看市場行銷的實例，以下是一個關於銷售員在販售商品時的語調研究調查。

在這項研究中，銷售人員會有意識的讓語調上揚和下降，結果顯示，當銷售員與客戶對話時，如果使用大量句尾上揚的疑問句，並在關鍵句讓語調下降，便能提升銷售業績，換句話說，句尾的語調高低，也與銷售績效相關。

一開始使用疑問句逐步建構對話，例如「請問您有什麼需求？」、「您在尋找這件商品嗎？」最後用果斷的語氣推薦某件商品，無論聽者是否聽懂，這種方式都能有效提升消費者的接受度。

音量過大讓人害怕

聲音的另一個重要特性是音量的大小（聲波的振幅）。振幅越大，聽起來就越大聲，反之則越小聲。

至今的研究表明，**當人們在表現出強勢、自我主張或具有攻擊性時，會發出較大音量；當人們表示服從、尊敬、不確定性時則會音量變小**，這在一定程度上是可以理解的。

相關研究顯示，**女性喜歡音調較高的聲音，而男性則喜歡音調較低的聲**

音。從女性的角度來看，很可能是在潛意識中想要避開具有支配性、攻擊性且自我主張強烈的要素。

以女性為客層的商品廣告中，經常會使用女性旁白，像是化妝品、洗衣精等日常用品。如果在女性相關產品的廣告中使用男性旁白，即使廣告再精彩，可能也無法多有效果。由此可見，聲音帶來的效果也跟性別有關，如果能深入了解該差異性，不論在理論或現實上，皆能讓我們更輕鬆傳遞有益的訊息。

為什麼小夫的聲音聽起來很小夫？

有時我們會憑藉一個人的聲音，想像對方是一個什麼樣的人。我們會從兩個方面猜測，分別是身體（年齡、身材、體重、身高等），與性格（誠實、聰明、友善、自主性等）。

一九三〇年代的一項研究指出，「人們藉由聲音可得知對方的外貌和性格等」，也就是說，聽者會依此判斷對方的外表和個性。

在一九七〇年代，一個以上述研究為基礎的研究發現，這樣的判別方式，反而形成刻板印象，例如，有這種聲音的人具有這樣的個性。先不論這些聲音的刻板印象是否正確，但人們對於某些音色，會聯想到神經質、粗暴等性格。

此外，也有研究表明，聽眾可以透過談話內容以外的要素（如聲音），正確猜出說話者的身體特徵。該研究結果顯示，實驗參與者在與說話者對話完後，有七六．五％的機率能選中照片中哪個才是說話的人。由此可見，人類僅聽到聲音，就有很高的機率猜出其外表特徵。在另一項研究中，還針對人們說話時的呼吸與鼻音等聲音特徵進行調查，結果證明，聲音特徵與對他人性格的認知有所關聯。

根據論文的研究結果，聽者的性別、特定的聲音特徵，會讓他們聯想到某些性格。比如，男性說話時若有呼吸聲，會給人一種年輕且有藝術氣息的印象；女性說話時帶有呼吸聲，則給人嬌小可愛的感覺。人們會有以上聯想，是因為我們從過去的經驗中產生了刻板印象。以哆啦A夢為例，小夫的聲音之所以讓人感覺很符合小夫的性格，正是和該研究的論點有關。

如同以上情況，人們會透過聲音想像一個人的個性，雖然不一定準確，卻也代表了人們普遍存在刻板印象，因此在市場行銷中，便要思考如何利用它。如果我們可以完美掌控自己的語調，壓低聲音、加快說話速度、對女性消費者使用較小音量、對男性消費者使用較大音量，將可能產生巨大的廣告效果。

現代，人們可以利用科技技術調整，或是使用人為製造的聲音，如何活用以上特性，將可能翻轉廣告業界。

4 聲音要能變文字，對方才理解

接下來，讓我們來探討命名吧。無論在哪個時代，商品和服務的名稱一直是令許多企業頭痛的問題。即使反覆討論，在幾個候補方案中做出了決定，但在發表商品後，往往又會有不少人後悔，「另一個名字可能更適合」。如果是無法進行A／B測試（按：一種隨機測試，將兩個不同的東西進行假設比較）的商品，或許更容易碰到上述情況。

許多研究表明，品牌名稱非常重要，它會影響消費者的回憶、認知和偏好。因此，**在本章節中，我們將探討行銷人員在決定品牌名稱時，該如何以聽覺的角度篩選**。

在市場行銷和廣告中，視覺的表現方法已被廣泛使用。如今視覺廣告無處不在，無論你是走在街上還是滑手機，每天都有廣告映入眼簾。

以視覺方式呈現品牌名稱，在消費者心中留下印象，這種方式可行，但在許多情況下，品牌名無法以視覺的方式呈現。先前提及的聲音相關廣告，以及在電視廣告的背景音樂中連呼品牌等方式，皆是利用聽覺管道。此外，無論是來自企業還是消費者，我們每天會接觸到許多口頭評價，例如，聽到有人說：「雖然我沒有用過，但那個產品的口碑好像不錯。」

那麼，我們要如何才能創造一個讓人印象深刻、朗朗上口的品牌名？

首先，關鍵在於品牌名稱的發音是否平易近人，尤其當是自創詞語時，由於該詞並非人們日常使用的單字，因此許多人對字並不熟悉，如何讓消費者無障礙聽懂品牌名稱就變得非常重要。

當我們初次聽到一個品牌時，會在腦海中試著將其轉換為文字，在聲音文字化後，我們才能真正認知該品牌，因此，發音就得容易讓人聽懂。

研究中普遍認為，在市場行銷中，聲音和文字之間的對應關係非常重要。

一項英語圈的研究表明，母語為英語或是使用英文字母的人，在聽到一個詞時，會從自己所知道的詞彙中，尋找發音一致的詞語，以其他語言為母語的人應該也有相同傾向。也就是說，**當人們試圖透過發音辨別某個單字時，我們會不自覺的在腦中將聲音轉換成文字，藉此認識**。無論是我們已經知道的，或是第一次聽到的，人們都會將其轉換為文字並加以理解。

為什麼日本人聽不太懂英文？

在語言中，可以單獨發音的最小單位稱為音位，而在文字中，最小的書寫符號單位則稱為字位。例如，英文字母的字位就是「a」和「k」等字母。在音位和字位不是一對一關係的語言中，人們聽到聲音後，會很難將其轉換為文字。以上說明可能很難理解，接下來就讓我們詳細探討。

如果一個聲音能完全對應一個文字，且具有一致性的話，人們就能確認

聲音和文字是一致的。舉例而言，比起英文，日文就較有一致性。除了きゃ（kya）或しゅ（shu）等以兩個文字呈現的拗音之外，皆是一對一的聲音與文字。例如，あ（a）就是あ，ん（n）就是ん，但英文就不一樣了。

有研究顯示，當聲音和文字之間有一致性時，聽者的理解力和拼寫能力會表現得更好，尤其是面對第一次聽到的單字，上述效果會更加顯著。

當聽者要將沒聽過的單字轉換為文字時，即使搜尋自己的記憶也無法找到對應文字，因此，文字和聲音之間的一致性與規則變得更加重要。

如果文字與聲音之間一致（或是有一對一以外的特殊規則），人們就可以將聲音轉換為文字；如果無法對應到特定文字則否。

這就是為什麼許多日本人很難聽懂英文的原因，因為英文的聲音和文字體系與日文不同。**許多人認為外語比母語更難聽懂也是同樣原因**。

日文只有あ（a）、い（i）、う（u）、え（e）、お（o）五個母音，但英文卻有十五個母音。日本人在學習英語時，基本上都是使用日文的子音加

上五個母音，試著拼出英語發音，這反而增加學習難度。

英文的十五個母音與日文的發音完全不同，日本人卻試圖用五個母音表現英文的十五個母音，導致許多日本人完全聽不懂英文。說個題外話，我認為學習英文的捷徑是大量聆聽英文，讓自己的人腦可以識別英文的十五個母音。

英語系國家的兒童在學習發音時會自然拼讀（Phonics），英語的音位和字位規則相當複雜，而自然拼讀是在複雜規則中，統整出來的一種英語教學方法。有一種說法是「想學英語的人，應該先學習自然拼讀」，從人類認知聲音的方式來看，這種說法的確合理。

憑熱忱就能想像出品牌名稱？

正如我們先前所探討，人要識別品牌名稱，重點在於聲音和文字是否擁有一致性，但是也有例外。**根據當時的情緒，聽眾中可能會分為能聽懂品牌名的**

人，與聽不懂品牌名的人。

聽者有沒有動力，對品牌識別會產生相當大的影響，對於動力較高的人來說，在聲音與文字不一致的情況下，反而可能給予好評，也就是說，如果聽者有動力，即使聽到無法理解的詞語，也會試圖推測，而一般情況下，當人們無法從聽覺轉換為文字時，通常會選擇放棄理解。

由於聲音與文字之間沒有一致性，有動力的聽者反而會開始思考「是這個意思嗎？」、「會不會是那個意思」，但對動機不強的消費者來說，即使聽不懂，他們也不會試著去猜測，不太會主動思考聲音會對應哪些文字，也不會從眾多具有可能性的文字選項中，挑選符合該品牌形象的文字。

因此，當缺乏動機的消費者在面對文字與發音不一致的品牌名時，很可能會對該品牌產生負面印象。

面對哪個群體，就用他們的語言

隨著人們改變溝通方式，我們使用的文字也有了變化。

現代網路開始會用縮寫和顏文字等網路流行用語，例如，網路上很常看見有人用「w」代表笑聲（按：日文的笑唸作 warai，取發音的第一個字母），以及爆笑之意的「草」（當許多w連在一起時，看起來就像草叢一樣）。在聲音和文字一對一關係的框架之外，有許多特殊符號，現代年輕人將這些符號當作流行用語大量使用。

對企業來說，在制定行銷策略時，必須了解上述的流行用語，並掌握消費者時下的說話方式。**由於現在的市場已細分化，所以，更應該使用每個人都能懂的語言**。

最近的網路用語和縮寫並非簡化詞語，相反的，這些流行用語反而很複雜，之所以這麼說，是因為新的用語為了表達出與一般詞彙的微妙差異，會在一般的語言中加入新詞，或添加文字以外的各種訊息。

透過這些新詞彙，人們能傳達的資訊量爆炸性成長，但是，對於不知道該詞彙的人來說，卻難以閱讀和理解。新的語言會不斷出現，且只有特定文化圈的人才能理解，如果你不屬於該文化圈，便完全無法明白新詞彙的意義。

像是在二〇二〇年，TikTok 上出現了一個叫做「やりらふぃー」（Yarirafi）的網路用語，這是在辣妹雜誌《egg》公布的「egg 流行語排名二〇二〇」中榮獲第一名的詞語，但各位可能都是第一次聽到。

「Yarirafi」是指情緒高漲的人，也就是所謂的「派對咖」。派對咖是指喜歡參加派對，且善於炒熱氣氛的人們，是 Party People 的縮寫，但 Yarirafi 並不是某個詞語的縮寫。

TikTok 中有一個很受歡迎的舞蹈影片，其中使用的音樂副歌歌詞「Jeg vil at vi」聽起來很像 Yarirafi，才有了這個流行用語。在這個舞蹈影片中的舞者情緒非常高亢且穿著華麗，因此，Yarirafi 被用來形容具有上述特徵的人。

近年來的流行用語無法僅靠字面理解，如果不知道該用語的相關由來，人們根本無從了解其意義。

這類現象不僅出現在網路世界，也零星發生在各種地方，現代的詞彙和文字的表現方法都在不斷增加。

看到商標就知道這家公司做什麼

在腦科學和認知心理學中，有一個術語叫做「預示效果」（Priming Effect），是指人們先前接收的資訊和印象，會在潛意識中影響後來的行為和判斷。例如，在選舉中，政治家可能會只會宣傳政策的其中一面，僅強調對自己有利的論點，藉此改變選民的判斷標準。

人們可以利用預示效果來創造一個新的品牌名稱，如果該品牌與消費者知道的某個詞語很相似，即使消費者完全沒聽過，也會產生聯想。有研究顯示，只要使用令人印象深刻的言語或影像，即便聽者是第一次聽到，也會聯想名稱的含義，增加消費者理解品牌名稱的意義。

比如，日本辦公用品公司愛速客樂（ASKUL），其日語發音接近「明天送達」（Asukuru），因此消費者聽到時，就能聯想到該公司「明天就貨送到府」的服務速度；日本食品網購公司 Oisix，其日語發音接近「美味」（Oishii），因此消費者可以想到可口的食品；世界上第一家開發出折刃式美工刀的公司 OLFA，則是取名自其產品最大的特徵「折刃」（日文發音為 Oruha，發音和 OLFA 相近）。上述公司都是透過品牌名的發音，補充說明公司服務。

預示效果也可以用視覺的方式呈現，**藉由向觀眾展示商標或相關的圖像，可以讓觀眾認知陌生的品牌**。在視覺上來說，許多商標本身就包含了該品牌的代表性產品和服務的具體形象。

例如，快遞運輸公司 FedEx 的商標中，就強調了代表 Express 的 Ex，而在

E和x之間還隱藏了代表速度和準確度的箭頭：Beats是美國饒舌歌手Dr.Dre創立的耳機品牌，於二〇一四年被蘋果公司收購。Beats的商標源自於品牌名稱的首字母「b」，同時也表現出耳機的形象（看起來很像頭戴著耳機的樣子）。因此，Beats的商標就能讓消費者聯想到它是一個耳機品牌。

樂器製造商YAMAHA的商標，是由三個調律工具的音叉組成，這與該公司歷史有關。YAMAHA是從修理樂器起步，後來開始多角化經營，跨足機車和半導體等領域（目前皆是獨立公司），但是，從YAMAHA的商標一眼就能看出，該公司最初的服務與音樂有關。

年輕人的獨特語感

年輕人們有一種特殊語感。

年輕人在社群網站中會刻意使用縮寫和錯誤的拼寫，他們之間有獨特的詞彙表達方式和文化，即使語句中出現錯字，也不太會受到影響。

舉例來說，美國電動車大廠特斯拉（Tesla）的老闆伊隆・馬斯克（Elon Musk），將他的孩子命名為「X Æ A-Xii Musk」。起初每個人都以為馬斯克在開玩笑，沒想到他居然是認真的。最初還有一些「太誇張了吧」或「這該怎麼發音」的爭論，但現在已經沒有人覺得這有什麼好奇怪的了。

在名字中加入符號，很可能是受到近年來流行的語感和文化所影響。網路用語早已融入年輕人的日常對話，在網路世界中，使用這些說話方式，就像取得公民權一樣，是確立身分認同的一種方法。

能否正確傳達品牌名，會影響消費者對該品牌的印象。如果消費者在聽到一個品牌名後可以將其轉換為文字，就能在網路上搜尋相關資訊，就算消費者只聽過名稱，也可以在之後透過視覺廣告來識別該品牌。**相反的，如果聲音無法轉換成文字，消費者對該品牌的印象就會變差**。

綜上所述，相信讀者們已經明白，當品牌的發音在消費者腦中轉換為文字後，消費者才能真正認清該名稱。透過聲音認識品牌，與利用視覺識別的過程完全不同。企業在設計名字時，必須同時考量視覺和聽覺，並考慮兩者之間的差異。

CHAPTER

4

我該怎麼做，觀眾才不會跳過

1 你一定記得網飛的開場音：登等

至今為止我們已經了解，人們會在潛意識中認知某個事物。其中，聲音具有強大的影響力，無論人們在思考什麼，它都可以在無意識中吸引我們的注意力，**此觀點在 YouTube 等新媒體（複合媒體）的設計中不可或缺**。

在本章節，我們會根據迄今為止介紹的人類認知特性，探討如何製作廣告、戲劇、介面等媒體內容，其中會特別說明如何利用聲音，這些方法皆取自我們過去實際參與媒體設計的經驗，並已實際運用在相關媒體上。

各位應該已經了解，聲音是新媒體中最關鍵的要素。但是，在製作媒體的相關研究中，視覺方面的研究無疑是進展最快的，以網路為例，現已有各式各樣關於網頁視覺設計的理論。然而，儘管有許多音樂相關的研究，但幾乎沒有探討聲音的論述，雖然各個領域的專家會根據自己的經驗來操作、實驗，卻沒有一套系統化的方法論。

為什麼只有視覺特別蓬勃發展？因為是透過視覺，輸入介面的技術才得以進步。例如，當用戶在使用網際網路時，都是利用螢幕操作，隨著用戶逐年增加，操作介面的設計必然變得更加講究，相關設計方法論也會隨之確立。如果有許多用戶會看到某個畫面，設計者便會思考如何讓介面更方便使用，這就是視覺相關研究不斷發展的原因。

在程式設計方面，追求操作性和功能性的介面導向出現後，大大改變了視覺的設計。在此之前，人們一直是以審美的角度在設計介面，但介面導向是一種以認知為基礎，並重視功能性的設計方法。

雖然現在網購網站的商品可以放入購物車，但其實在初期，設計者們經歷了一連串失敗路程。在沒有任何前例的情況下，要發明一個讓消費者從選擇商品到結帳付款的直覺式操作介面，真的是一件困難的挑戰。現在，每當顧客選擇商品時，購物車上就會顯示已放入的商品數量圖示，消費者也習慣這樣的視覺效果，這就是以認知為基礎的設計成果。

而聽覺方面，雖然廣播等音訊媒體具有很長的歷史，但對聽眾來說，廣播只是一種單向的介面。主要是因為很長一段時間以來，一般人並不需要透過聲音發布資訊，因此，設計者也沒有必要思考相關軟硬體的功能性和操作性，導致長久以來，幾乎沒有任何技術，能讓一般人輕鬆利用聲音傳達訊息。

然而，近年來這種情況正迅速在改變。視訊會議軟體 Zoom、語音聊天室的 Twitter Spaces、智慧音箱等，可雙向互動的軟硬體相繼誕生。由於科技技術的進步，如今人們不僅可以靠聽覺接收訊息，還能主動發送聲音相關資訊，它可以雙向互動這一點，正成為人們關注的焦點。

這種劇烈變化，再次揭示出業界缺少設計聲音的方法。儘管現代人可以利用語音雙向互動，卻缺少一個方便用戶使用的設計。這種雙向互動就像語音導覽，用戶會在聽到某個聲音後採取行動。以前，用戶只是單純聆聽資訊或音樂，因此創作者也從未想過用戶會如何根據語音指令採取行動。

隨著聲音相關媒體的發展，許多公司開始跨入網路業界經營音訊媒體，可由於缺少相關知識和經驗，導致許多ＩＴ（資訊產業）服務的開發人員在製作時頻頻碰壁。例如，智慧音響剛推出時，許多用戶出於好奇，會向智慧音響說話或發出指令，而它卻只會發出生硬的通知；許多用戶不知道該如何操作，與它對話又如同雞同鴨講，當新鮮感過了之後便捨棄，這就是許多音訊媒體的現狀。人們使用聲音的歷史還很短，因此很難掌握其中竅門。

我們專門針對聲音的效果和運用方式進行調查研究，因此接受了許多這方面的諮詢。到目前為止，我們參與了各式各樣與聲音有關的媒體、服務和介面設計，開發了許多種使用方法。

我們統整了三大類：廣告、戲劇（廣播劇）、介面（傳達資訊）的使用聲音的方法。為了應對各種相關人士的需求，以下介紹的方法具有足夠的通用性。不論從事哪一方面的工作，都能在這些方法中找到訣竅和靈感。

廣告標語不再有效

在電視時代，聲音商標的效果超群，它是利用短樂曲來傳達企業名稱或產品名稱。這個方法可以讓人們記住公司名和商品名，例如日本百年蚊香品牌金鳥的廣告標語「金鳥之夏，日本之夏」。

現在，除了一般廣告，網路廣告業界也開始注意到這個方法。我們將探討在網路廣告中，聲音商標是否可以在消費者心中留下長期印象。

首先，我們來探討牛奶肥皂的例子。

當人們看到廣告中的牛奶肥皂包裝外盒時，許多人會認為：「這個商品就叫牛奶肥皂吧。」但其實叫 COWBRAND 紅盒。盒子上明明清楚印有商品名稱「紅盒」，但消費者的腦中卻沒有浮現此字眼，是因為牛奶肥皂的電視廣告歌曲已深植人心。

該廣告主題曲〈牛奶肥皂之歌〉中，有一段歌詞：「牛奶肥皂、完美肥皂。」這首歌曲從一九五六年以來從未改變，因此，這段歌詞已經帶給消費者強烈印象。

先前也介紹過，廣告中提到的牛奶肥皂並不是商品名，而是公司名稱，然而問題是，許多人並不知道這一點。當我把以上內容告訴我的朋友時，不少人還說：「我還以為牛奶肥皂是花王的產品。」「咦？不是獅王的商品嗎？」也就是說，儘管牛奶肥皂一詞廣為人知，但在大眾心中，仍不清楚正確商品名及到底是哪間公司的產品。

為什麼會發生這種情況？以牛奶肥皂的例子來說，商品名、公司名、歌曲等使用方法都各自產生了一些誤解，且強烈的留在消費者心中到了無法抹滅的地步，聲音的力量就是如此強大。

那麼，讓我們回到開頭的問題：「在網路廣告中，聲音商標是否能在消費者心中留下長期印象？」很遺憾，以結論來說，在當今時代是不可能的。

過去能帶來效果，是因為消費者投注較多的注意力在廣告標語上，接觸機

會也較多。從前的廣告標語設計並非特別優秀，只是在吸引觀眾注意和接觸機會上，都較現在容易。

以前並沒有其他影視媒體與電視競爭，電視業者能在固定時段，讓觀眾一直觀看節目和廣告，因此他們會從電視廣告中接收大量資訊。但現代的資訊量已經無法與過去比擬，網路、社群網站、影片以外的媒體越來越多，導致人們接觸單一媒體的時間逐漸變少。在這樣一個不斷變化的環境中，要尋求像以前一樣的聲音商標效果極其困難，這不僅限於聲音，視覺方面也是。

由此可見，過去定期播放電視廣告，藉此讓消費者認知品牌或商品的方法已不再適用。無論業者在廣告標語上下多大功夫，也無法達到過去的效果。

在現代，廣告的作用已經轉為引起消費者的興趣和購買欲望，例如在推出新產品等關鍵時間點，傳達必要資訊吸引消費者，誘發購買動機。

看廣告是為了找略過按鈕

各位在 YouTube 看影片時，開頭或影片途中會播放廣告，當過了幾秒鐘後，畫面上會出現略過廣告的按鈕。在這約五秒鐘的時間內，各位在做什麼？大多數人其實都在尋找略過廣告的按鈕，根本沒在看畫面，相信各位也是如此。觀眾的視線不會固定在影片上，這成為廣告公司最頭疼的問題之一。

另一方面，目前音訊媒體的廣告是與節目內容綑綁在一起，一般來說，節目在播放時不會將廣告剪掉，聽眾無法跳過。Podcast 和聲音傳播服務就是很簡單易懂的例子，它們提供廣告的方式與既有的廣播節目一樣。

如果消費者不想看廣告，只要閉上眼睛或是不看手機就可以了，但這期間還是聽得到聲音，這是影片廣告特有的課題，也是很重要的關鍵。在略過廣告按鈕出現前的幾秒鐘，用戶依舊能聽到聲音，這就是重點。

以前，網路媒體上的視覺和聽覺仍是各自獨立的媒體，有許多影片只有畫面沒有聲音。但是，最近網路上視覺媒體帶有聲音的比率正持續攀升，例如，YouTube 中有聲音的影片已經超過九〇%，年輕人愛用的 TikTok 甚至可說是以聲音為主的社群軟體。過去有只會播放字幕的無聲影片，但現在這種影片幾乎消失殆盡，**現代人們根本無法接受一支無聲影片**。正如同我們在第三章所探討的，整合了視覺與聽覺感官的嶄新媒體體驗正在產生。

接下來，讓我們來探討如何製作一個，能將訊息傳達給消費者的影片廣告。正如先前多次強調的，關鍵是從聲音的角度構思廣告。

如何設計廣告才能不讓消費者想跳過？以下介紹一些具體技巧。

充分活用被略過的前五秒

在製作一個網路影片廣告時，必須先決定如何利用略過廣告前的五秒鐘。即使觀眾想跳過，也必須先等五秒才可以，換句話說，每支廣告都有至少五秒鐘的播放時間。

此時有兩種策略：第一，在五秒內盡可能的傳達必要資訊；第二，讓觀眾有想繼續看下去的念頭。

我們先探討在五秒內簡潔傳達必要資訊。

製作廣告時，除了五秒鐘的時間限制外，製作者必須記住，**觀眾按下略過按鈕，才算是真正結束觀看廣告**。也就是說，在觀眾按下按鈕前，得完成整個流程。考慮到這一點，廣告能做的事與目的自然有限。

廣告的目的是激發顧客對產品或服務的消費欲望、增加購買動機，但要在這麼短的時間內做到這一點幾乎不可能。

那該怎麼辦？**重點放在打響品牌知名度上**。如果該品牌也有在其他地方投放廣告，則可以將現在製作的影片廣告，看作是增加接觸機會的一種方式。這個策略是透過增加與消費者接觸的次數，提升人們對品牌或商品的興趣。在某些情況下，這支廣告可能會讓消費者累積的興趣轉為動機，讓他們出於好奇點

假設影片長度共 15 秒，你可以這樣編排

開始播放 → 出現略過的按鈕 → 影片結束

	前半段（5秒）	後半段
架構	開場／過程／結尾 影片精華和摘要。	開場／過程／結尾 保持相同架構，但改變表現形式和內容詳細程度。
需要要素	吸引聽者注意 聲音商標	無
注意事項	主題只有一個。注意觀眾是否認識商品或服務，並考慮優先順序。	讓觀眾能直覺了解哪一部分是開場、過程、結尾。
優先順序	1. 好處。 2. 新資訊。 3. 激發好奇心。 4. 容易理解。	如果選擇兩項以上內容，則要考量優先順序。

聽完廣告，觀眾只會記得一項內容。

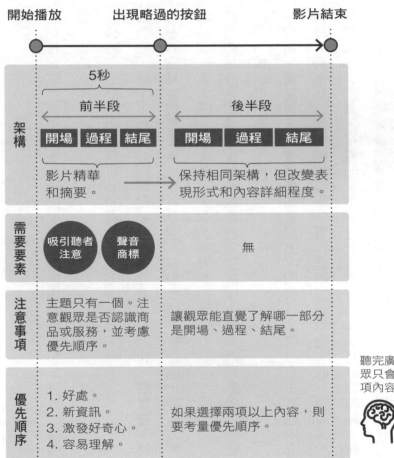

擊廣告觀看詳細資訊。

為了達成這一項目標，又該如何編排？

抓住耳朵

在廣告影片開始的瞬間，觀眾的視線就會轉向略過按鈕，他們對廣告沒有任何興趣。因此，在用戶按下按鈕前，廣告必須激起消費者的興趣，不然就浪費了五秒鐘的時間。

二〇二一年二月，美國的電子布告欄社交新聞網站 Reddit 在電視投放的廣告成為熱門話題，該廣告是在美式足球聯盟（National Football League）的年度冠軍賽超級盃（Super Bowl）的比賽轉播中播放。

據說超級盃的廣告是全世界最昂貴的廣告時段，Reddit 只購買了五秒鐘，插播了一段無聲靜止畫面。這個廣告在業界大受好評，並在二〇二〇年至二〇二一一年的坎城國際創意節（Cannes Lions International Festival of Creativity）上贏得社群及影響者類別大獎。

在這五秒的影片中只有一個地方有聲音——開頭沙沙沙的雜訊聲，這一點非常關鍵，卻經常被人們忽視。雜訊聲是電視沒有播放任何內容時所發出的雜音，它吸引了觀眾的注意力，讓人預期之後會發生不尋常的事情。這則廣告的優秀之處不僅在於其創新的影像表現方式，更在於**設計者利用聲音精心設計了吸引聽眾注意力的一連串流程**。

這種打斷常態來吸引人們關注的方法稱為「切入」。該廣告並不是以花俏的表現手法引導觀眾，而是打破常態，一口氣奪取人們注意力。其實在影像和聲音的相關媒體中，這是很常見的方法。

在切換不同場面時，為了方便觀眾理解，許多廣告會使用一種稱作「識別音」（Jingle）的簡短音源。然而，要利用識別音打斷觀眾意識，並完美的將他們的目光引導至廣告是不可能的，識別音無法完全控制人們的注意力。

特定的聲音並無法產生什麼特殊力量，因為具有效果的音效經常被爭相模仿，當該聲音隨處可見後便會失去效果。聲音也有流行趨勢，當人們習慣某個聲響時，就不會感到驚奇了。

在網路世界，聲音特別容易被模仿，汰舊換新的速度非常快，且龐大的資訊量也成為音效無法持久的主要原因之一。然而，在這樣的環境中，沙沙沙的雜訊聲成功吸引了觀眾的目光，是一個有效活用聲音的範例。

你一定記得網飛的「登等——」聲

雖然先前提過聲音商標在現代很難產生效果，但即便如此，要讓消費者識別品牌，它仍是不可或缺的要素，而且，為了與其他公司有所區別，現代的聲音商標必須簡潔明確。

例如，只要提到網飛的聲音商標，大家的腦海中一定會立即響起「登等

——」的音效。這是因為消費者每當打開網飛時，登等——的聲音總會和網飛的商標一起出現。網飛是從二〇一五年開始使用這個充滿特色、不到兩秒的聲音商標。會這麼短是因為，在當今網路資訊爆炸的環境下，即使聲音商標只有三、四秒，用戶都會嫌太長。

許多人會將聲音商標的功能，與吸引聽者注意力的功能混淆。一個可以抓住聽者目光的聲音，具有喚起注意力的功能，但是，許多製作者在製作聲音商標時，經常試圖讓聲音商標同時具有喚起注意力和品牌識別兩種功能。**如果試圖結合兩種功能，該聲音就必須具有吸引消費者的作用，還要能推廣品牌精神，如此一來，便會增加聲音商標的時間長度**。

有些廣告會將引誘聽者注意力的聲音直接當作聲音商標，一個能吸引聽者關注的聲音，本身具有打斷人們意識並奪取其關注的功能，當然，這在本質上與品牌識別的功能完全不同，聲音商標的重點是可以在聽眾心中留下印象。

此外，如果聲音商標包含兩種功能，為了中斷聽者意識並吸引他們，聲音商標就只能放在廣告開頭等特定位置，使用上便會受到限制。在構思廣告時，設計者應該根據廣告內容靈活調整呈現方式，而非限制廣告架構。因此，製作時必須分開考慮吸引聽者注意力的聲音與聲音商標。

五秒很短，你不能什麼都想講

設計廣告時，最重要的是減少資訊量。

尤其在製作開頭的五秒時（如果有放入聲音商標或吸引注意力的聲音，實際上可能少於五秒），製作者必須避免加入太多訊息，因為這樣將無法明確傳達最關鍵的消息。因此，製作廣告時要先想怎麼刪減。最重要的是在幾秒內，設計者希望觀眾在開頭和結尾擁有什麼樣的體驗。

看廣告的人大致可分為兩種，一種是不認識廣告商品或服務的新客戶，另一種是對廣告商品或服務已有一定認識的舊客戶。

如果觀眾為新客戶，那廣告的主要目的，就是讓他們了解商品和服務的特點，然而，正如我們先前提到，要在短時間內傳達具體內容很困難，因此在大多數情況下，最好的做法是傳達商品及服務的類別，並展示出品牌風格。例如，假設你要製作一個虛擬貨幣交易所的影片廣告，你很難在五秒鐘內向完全不了解的人說明何謂虛擬貨幣，最適當的做法是將重點放在客群類型上：該交易所對沒有相關知識的外行人來說是否易於使用，對虛擬貨幣的行家來說是否足夠方便等。

當觀眾為舊客戶時，須將廣告作為誘發觀眾記憶的媒介，讓舊客戶想起：「啊！這不是我曾經接觸過的那個產品嗎！」在這種情況下，影片的重點將不是商品或服務資訊，而是以什麼樣的方式，將訊息傳達給觀眾。

廣告內容的詳細程度並非重點，以直觀的方式傳達，才能幫助舊客戶理解品牌定位，並在其心中留下印象。

由於廣告時間短，許多廣告會使用音效達成上述目的，舉例來說，如果想要傳達高貴印象，背景樂則可使用古典樂曲；如果為時尚休閒類的商品廣告，便能使用流行音樂；如果想要傳達親切感，則可用人聲。

總之，廣告的重點是向觀眾傳達「風格」，而不是內容。如果以盒子和內容物來比喻的話，比起內容物，製作者必須更注重外包裝的盒子。

所有廣告都有目的，製作者必須靠它讓消費者有實際行動。

如果廣告能自然促進客戶行動當然最好，但若失敗了，消費者對該廣告的印象就會變差，並抗拒廣告製作者的行為，或是產生負面觀感。**廣告製作者與觀眾之間是有交流的**，在開啟交流後，製作者必須為這場溝通適當的收尾。

在網路影片廣告中，為了將觀眾引導至著陸頁（按：Landing Page，點擊廣告後到達的頁面），影片則必須讓人有想點擊廣告的慾望，但這非常難辦到。因此，對許多廣告公司來說，比較現實的做法是，利用這五秒鐘提升品牌知名度。不要塞入過多資訊，只播放可以識別品牌的聲音商標即可，讓觀眾在略過廣告前完整聽完聲音商標，為觀眾提供一個按下略過廣告按鈕的契機。

如此一來，觀眾將在這五秒內接收廣告所提供的完整訊息——聆聽聲音商標。這樣的過程僅需要短短五秒，而只靠這幾秒，也能向消費者提供一個廣告體驗。

但我想知道怎麼做，觀眾才不會跳過廣告？

到目前為止，我們都在介紹如何製作五秒鐘的廣告開場。毫無疑問，對許多網路廣告來說，這五秒是爭取曝光的唯一機會，而許多影片也是在會被跳過的前提下製作出來。當然，觀眾有時還是會看完廣告，接下來就讓我們來探討，該如何設計一個能吸引觀眾看完的廣告。

相信各位至少曾有一、兩次讓廣告跑完的經驗吧。

前陣子，有一位音樂家在推特上說：「最近的年輕人會跳過歌曲中的吉他獨奏。」該推文在推特上蔚為話題。也就是說，現在已經沒有人想聽歌曲前奏，大家都想直接跳到歌手唱歌的部分。

但年輕人是否真的會跳過歌曲前奏並不是重點。不管真相如何，這則推文光是能讓人相信並成為話題，就代表當今媒體的趨勢已經形成：觀眾希望音樂或影片在開頭時就直接進入主題。

以前，電視劇通常會在開頭播放主題曲前奏，但到後來，有越來越多電視劇會在劇中才插入前奏。在廣告的世界裡，將吸引注意力的聲音當作開場，再依序傳達前置訊息、聲音商標、後置訊息，以這種順序製作廣告是常態。在這個結構中，前置訊息就是精華、最讓人感興趣的部分，製作者在設計廣告時，應該以前置訊息為重心，抓住觀眾的心。

如果觀眾沒有按下略過按鈕

正如先前所述，靠聲音讓原先對廣告完全沒興趣、正在想其他事情的觀眾將注意力轉移到廣告上，而且還要讓他們不要略過，絕非易事。

沒有一個方法能百分之百有效打斷觀眾意識，即使有東西能抓住他們的目光，在很大程度上也取決於觀眾的個人因素。例如，加密貨幣交易所比特幣基地（Coinbase），在二〇二二年的超級盃轉播期間，花了十八億日圓購買六十秒的廣告時間，而先前提到的 Reddit 只買了五秒，因此比特幣基地的廣告時長約是 Reddit 的十二倍。

比特幣基地在這一分鐘內只播放了 QR Code 的畫面，當這個畫面持續放一分鐘時，很多人便會感到好奇。實際上，播放當下，該廣告網站瞬間湧入過多瀏覽人數，最後甚至造成網站癱瘓。

以上是一個成功吸引消費者目光的電視廣告範例。然而，假設某個廣告公司想利用電視廣告，將一組電話號碼傳達給觀眾，為此購買很長一段廣告時間，很可能沒有效。廣告時間的長短與能否避免觀眾跳過廣告是兩回事，如果只是單純顯示電話號碼，想必每位用戶都會懶得理。為了阻止這個行為，製作廣告時必須像比特幣基地一樣，讓觀眾足夠有興趣。

那麼，我們該如何引出消費者的興趣？接下來，我們將以人類認知為基礎，介紹幾種製作廣告的方法。**從認知的角度來分析，便能排列出明確的優先順序，找出應該優先考慮的廣告要素。**

1. 先強調好處

在製作廣告時最應該優先考慮的，是用戶能獲得什麼具體利益（好處），如果該利益不會替消費者帶來風險的話，更應該在廣告中強調。

當然，對消費者而言，即使有利可圖，但如果該好處讓人難以理解，或需要花很長時間才能得到，消費者也會敬而遠之。舉例來說，在許多行業中，最常看到且最容易理解的宣傳標語就是「只有現在免費！」在過去某段時期，電視經常會播放關於退回溢繳款的廣告，「退回你多繳的利息」，這個廣告標語也是宣揚利益的例子之一，而「不知道就吃虧了」之類的標語，也是間接傳達好處的範例。

重點在於，如何靠簡單易懂的方式傳達好處。因此，製作者在構思廣告的表現方式時，應該將全部精力都投注在如何讓消費者感受到商品或服務所帶來的優點上。

2. 提供新資訊

提供新資訊，也能有效引起消費者興趣。

假設某公司推出新商品，除了好處之外，如果該產品對用戶具有價值，那麼，提供新資訊將能有效吸引消費者目光。例如，如果有些人白天不方便去銀行，則不容易提取現金。當銀行宣布延長自動提款機的營業時間時，這些人就會關注。重點是，用戶已認識該商品或服務，因此製作廣告時只需要簡潔扼要提供新資訊。

3. 激起觀眾的好奇心

當消費者已經對特定事物感興趣時，製作者必須利用用戶已有的知識，構思影片的表現手法，藉此喚起消費者的好奇心。這類廣告的訴求並非新穎性，而是要強調顧客對某些事物的情懷本身所具有的價值。

有一個日本鐵道宣傳活動名為「對了，去京都吧！」這個廣告標語讓人聯想到，學生時代曾因校外教學拜訪京都，那在長大後，京都變成什麼樣子？許多日本人對京都抱有某種印象，**在此前提下，廣告中使用新圖像和標語，將能成功吸引消費者目光**。

4. 易理解性

對多數人來說，挑戰新事物很不容易，但如果該商品或服務易於使用的話，用戶便能從中感受到它的價值。

消費者不願嘗試新事物的原因，在於成本意識和其中所包含的風險。當人們要做一件事情時，會思考自己需要花費多少時間和金錢（成本），這麼做是否會造成自己的損失。因此在製作廣告時，只要消除上述的不安要素即可。

為了克服這一點，製作者可以透過廣告讓消費者感受到新的可能性及價值。例如，「只要點擊按鈕就好」、「只要加入 LINE 好友即可」等廣告標語就是經典例子。

投入大量訊息，提升觸及率

上述四個項目看似各自獨立，但其實也有順序。**最讓觀眾印象深刻的是好處，其次依序是新資訊、激發觀眾的好奇心、易理解性。**舉例來說，如果廣告內容想要激發觀眾的好奇心，卻同時包含好處的訊息時，最後大多數觀眾對廣告的印象只會剩下好處而已。

在製作廣告時，請務必牢記上述四個項目。然後，思考廣告的目的是什麼，並在設計內容時考量這四個項目的優先順序。**其中有趣的是，觀眾接收到訊息後，一定會在腦中依照這四個項目排列優先順序，而且原則上只會留下優先順位最高的項目。**

「如果在廣告中加入大量資訊，無論哪個訊息都會給人留下深刻印象」，這種想法大錯特錯。但是，「如果在廣告中加入大量資訊，將能觸及到越多人」則是正確想法。儘管先前有提到四項要素的優先順序，但嚴格來說，企業也很難控制觀眾想要接收什麼樣的訊息。

在廣告中同時放入這四項，便可能增加目標客戶群的數量。因此，如果想盡可能將訊息傳達給更多的消費者，塞滿資訊也是一種可行方法。然而，在有限的時間內加入這麼多內容，反而會降低傳達關鍵訊息的機會。**這沒有對錯的問題，而是製作廣告時必須制定明確的策略。**

長篇廣告更需要建構框架

「不希望廣告被略過按鈕影響。」相信許多廣告公司都這麼想過。其實只要願意花錢，任何人都可以買到足夠的廣告時間，然而這不代表就能解決問題。正如先前所述，廣告時長與是否能吸引觀眾是兩回事。

在廣告出來之前，觀眾可能正在思考其他事情，影片則必須以某種方式打斷觀眾思緒、激發好奇，讓觀眾識別品牌標誌，以認知的優先順序向觀眾傳達訊息。

在製作較長的廣告時，需要使用我們先前介紹的所有技巧。如果無法活用，該廣告只會被消費者忘記。

在製作長篇廣告時，最重要的是建構框架。

假設有一篇很長的文章，讀者無法直接吸收，我們需要製作一個指南來幫助讀者理解，這個指南就是框架，它有時也會被稱為結構。文章的起承轉合就是典型例子，讀者會將起承轉合視為線索，從中吸收資訊。

製作長篇廣告時是否有完善的框架，會影響觀眾理解廣告的難易度。然而，廣告並不是文章，不能限縮在起承轉合的框架內，而是要靈活構思架構，才較容易引起觀者共鳴。

廣告沒有一個固定的公式，業界常用的框架是將影片整體分為三個部分：開場、過程和結尾。我看過各式各樣的廣告，許多企業在設計這三個部分時，表現方式都很自由。

接下來讓我們透過一些例子，探討如何將廣告劃分為三個部分。

以按鈕及人聲音效為界線區分

有些人會這樣分：將略過按鈕出現前的部分作為開場，接著是傳達訊息的過程，最後則是激起消費者購買意願的結尾。利用這種方法，整段廣告會帶給觀眾一種連續性的感覺。

另一種分法則是在按鈕出現的前後，各安排一套開場、過程、結尾。在這種情況下，廣告訊息會在途中做一次收尾，之後又重複一次相同內容，會帶給觀眾一種重複性感覺，但這種做法可能會讓人覺得冗長。因此，製作者應該是重複框架內容，而非重複表現形式。藉由改變表現手法，讓觀眾沒有重複觀看的錯覺，並加強他們的印象。

另一個方法是靠人聲和音效，將影片結構分成三部分。

為了填補兩段內容之間的空白處，製作者經常會加入一些非必要訊息。簡單來說，在廣告的不同階段中，傳達的資訊量與內容會有所差異，為了讓觀眾更順利吸收，製作者必須使用人聲或音效，儘早向觀眾傳達廣告的大致流程，促進影片與觀眾間的良好互動。

例如，如果廣告能告知觀眾現在是在開場、過程、結尾的哪一個部分，觀眾就能在知道流程的前提下安心觀看。也就是說，即使用戶在觀看途中並不理解內容，但只要清楚流程，便會想「只要繼續聽下去或許就能懂」，就有耐心繼續看下去，製作方必須向用戶傳達：「即使現在聽不懂內容也沒關係，只要繼續看下去就能理解」。

每一則廣告所傳達的訊息量和內容不盡相同，有些廣告的訊息很少，目的只是為了維持消費者對該商品或服務的興趣；有些廣告則是瞄準了特定客群，在影片中加入許多只對該客群有意義的資訊。但無論是哪一種類型，都必須促使觀眾繼續觀看下一個部分。

這時音效將能發揮非常大的作用，稍後將會針對這點詳細說明。

2 廣播劇，配樂音效就是一切

我們的生活中充滿了帶有故事性的媒體。

當提到故事性時，各位可能會想到電影和連續劇等影視媒體，但在這裡，我們要探討的是廣播劇，之所以選擇此作為主題，是因為音訊媒體體驗，有新媒體及舊媒體所沒有的價值。

廣播劇中的音效不能太突兀

許多人可能會認為廣播劇和影視戲劇沒有太大區別。

的確，影視戲劇也包含聲音，即使觀眾閉上眼睛只用聽的，也能大致了解劇情。因此，有些人或許會認為，如果製作廣播劇，應該更專精在製作劇情上，如此一來，不是更容易將內容傳達給聽眾嗎？大錯特錯。

目前就我們所知，還沒有專門從事廣播劇導演的職業，通常是由從事視覺表達的導演負責製作廣播劇。我們至今參與了好幾部由影像導演所製作的聲音作品，但成績都不盡理想。

不成功的原因在於製作時間和預算有限，因此並未製作測試版本，而是直接製作正式作品，其失敗原因在於未充分探討影像和聲音在劇中的表現差異。許多影像專家都曾挑戰製作廣播劇，卻因無法應對聲音與影像之間的區別，導致作品未能獲得良好評價。

正如本書開頭所提到，當我們在思考如何利用媒體傳達訊息時，必須分開考慮人對視覺和聽覺的認知。製作者必須了解人們如何認知聲音，並以此為基礎去思考如何傳達訊息和編排內容。當一個媒體只用聲音傳達訊息時，聽者一旦感到不協調或不自然，就會立刻停止收聽。

先前在介紹如何製作廣告時，我們談到利用聲音打斷人們思緒，並將注意力引導至廣告的技巧。但在製作廣播劇時，我們需要使用完全相反的方法——製作者必須在不打斷聽者的思緒下編排廣播劇。

製作廣播劇的技巧不僅可以應用於其他音訊媒體，在複合媒體時代中，如果能將相關技巧活用於影視媒體，將能替觀眾帶來良好的媒體體驗。接下來，讓我們一起看看如何製作廣播劇。

從誰的視角來看很重要

相較於觀看連續劇或閱讀小說，收聽廣播劇是完全不同的體驗，其中最關鍵的區別在於視角。

請各位回想連續劇中的場景。連續劇《半澤直樹》並不是以半澤直樹的視角，而是是以第三人稱視角拍攝和描繪世界觀，且目前也幾乎沒有以主角視角進行拍攝的連續劇（除了一部分的實驗性作品外）。

視覺具有「選擇資訊」的特性。如果《半澤直樹》是以主角的視角拍攝，想必畫面中出現的不是主管就是妻子，觀眾看到這樣的影片一定會感到無聊並有所不滿。一般來說，**人會自己選擇要看什麼**。

第一人稱射擊遊戲雖然同樣也是主觀視角，但在這種情況下卻不會造成影響，因為玩家可以自己操作遊戲，並選擇要打哪邊；而小說有時是第三人稱視角，有時則是第一人稱。許多人可能認為，廣播劇最接近小說的表現形式，但是，將這種文學作品以廣播劇的形式呈現時，經常會讓聽眾覺得很怪，主要原因在於音效。

當我們在閱讀一篇小說時，讀者會讀到主角的想法，如果主角實際聽到了什麼聲音，讀者也可以靠文字得知，但是，當我們在廣播劇中直接加入與小說相同的音效時，就會產生一種奇怪的狀況。當聽者在聆聽「主角自身的想法」時，同時也會直接聽到主角實際聽到的聲音。例如，在小說中，聽到寺廟鐘聲的是主角，但是，當廣播劇中加入寺廟的鐘聲時，聽者便會直接聽到鐘聲。本來聽者需要在不直接聽到鐘聲的情況下，體驗主角的感受，可是廣播劇做不到這一點。

這種認知差距不會出現在朗讀劇中，因此，朗讀劇相當普及，人們也將它視為一種欣賞作品的體驗。但在廣播劇中不可能完全不使用音效。

製作廣播劇的方式與影視劇、朗讀劇皆不同，需要專門使用設計聲音的方法。在過去，這些聲音認知的要素，往往會被視為一種表現形式，但其實表現形式需要建立在堅實的基礎之上，而這些聲音認知要素，正是能否讓聽眾順利理解內容的基礎。

如果製作廣播劇時沒有打好基礎，無論精心設計了多少表現方式，也無法傳達給聽眾，且一旦讓人覺得不自然或不協調，聽眾就會放棄聽下去。

固定主角的耳朵，移動作品的世界

當廣播劇以第一人稱，也就是以「我」為視角講述劇情時，在所有場景中，都**必須描述主角在作品世界中體驗了什麼（主角親身經歷的事）**，這是製作廣播劇時的基礎與重中之重，任何表現形式都必須建立在此基礎之上，不能破壞。像這種重疊聽者視角和主角視角的方式，我們稱之為「主格同步」。

由於聽者和主角的視角相同，因此觀眾更容易進入作品中的世界。像是廣播劇中的音效，原則上只會加入主角在作品中體驗到的聲音，而一般的連續劇為了表現出場景的嚴肅性或趣味性，通常會使用背景音樂或特殊音效。

然而，上述的背景音樂和特殊音效，是為了讓觀眾理解劇情所加入的聲音，也就是從第三者視角所加入的音樂。但在廣播劇中，聽者與主角是相同的視角，上述要素無法幫助聽眾從主角的角度理解劇情。

如果製作者想在廣播劇中營造一種令人不安的氛圍，可以試著利用風聲等自然環境音來傳達氣氛。**如果播放現實中沒有的聲音，反而讓人出戲，想「這聲音是從哪裡來的」**。因此，在廣播劇中，原則上不應該使用背景音樂。

當然，如果廣播劇中的音樂是作品裡有的，像是主角在某個場所聽到店家播放的曲子，該音樂便是主角的實際體驗，便可在廣播劇中播放。只要聽者與主角的視角一致，甚至可以讓聽眾聽到主角的呼吸聲或心跳聲，最重要的是，在設計廣播劇的音效時，必須要時刻保持主格同步。

製作廣播劇的關鍵在於，製作者必須以聽眾的耳朵為主設計音效。如果無法做到這一點，聽眾就無法掌握作品的世界。舉例來說，當你在描寫一個角色騎腳踏車的場景時，僅僅播放該角色周圍的聲音是不夠的，當人們在騎腳踏車時，**聲音會從前面傳來，到身旁時會變得大，然後隨著距離逐漸遠去**。若能連續有這樣的聽感，聽眾就能生動感受到主角騎著腳踏車前進的場景。

在現實中，我們可以四處移動，而我們看待世界的方式也會隨之改變。然而，廣播劇的觀眾雖然是主觀視角，但並無法自行移動，因此，製作者要調整作品中世界，讓聽者有在移動的錯覺。固定主角的耳朵，移動主角所處的世界，這就是製作廣播劇的基本方法。

登場人物不能超過五人

廣播劇最讓聽眾困惑的就是辨別登場人物，影視劇能靠角色外貌區分，但廣播劇只能透過聲音，這對創作者來說實在是一項艱鉅的任務。尤其在多人同時出現的場面中，只要出現些微破綻，聽眾就很難搞清楚現在是誰在說話，這個場景到底有哪些角色。因此，在製作廣播劇時必須限制登場人物的數量，以下為一般標準：

- 一個場景中的登場角色，含主角最多三人。
- 整個故事中的關鍵角色，含主角最多為五人。

不影響劇情發展的路人角色不算在內，但要記住，廣播劇的關鍵角色一旦超過五人，會導致聽眾難以理解劇情。

人物設定兩要點

相信各位已經了解區分登場人物很重要，在設計角色時，就要讓人物之間有明顯區別，在創造登場人物時，必須注意以下兩個要點：

1. 不要創造特徵相似的角色

如果登場人物的年齡、性別等特徵不同，聽的人更容易區別角色。如果角色音色也明顯不一樣的話，更是大大減輕理解劇情的難度。但要讓聽眾把登場人物的聲音，和人物設定聯繫起來並記住，絕非一件簡單的事。尤其年輕女性的聲音非常難分，如果這類角色很多，反而不好識別。

當劇中有相同性別或年齡的角色同時出現時，製作者需要為這些人物，依個性設定語調以樹立形象。如果為了區分角色而使用浮誇演技，會讓人覺得很不自然。人物設定會影響劇情，製作者要提前詳細規畫。

2. 在適當時機叫對方的名字

第二項要點是，挑選適當時機叫對方的名字。

當人物在說話時，可以在對話中加入名字，讓聽眾清楚了解是哪些角色在對話。如果每次說話都提到某人的名字可能會不太自然，但在適當時機呼喚，可以有效幫助聽眾跟上劇情。

在影視劇中，為了讓觀眾知道現在是哪些角色在講話，有時會穿插角色的臉部鏡頭。而廣播劇的角色在交談時呼喚對方名字，也具有相同效果。

讓聽眾猜中劇情走向，反而更讓人想聽

在影視劇中，重複手法往往會被視為冗長且不成熟的表現形式，因此製作者們都會避免使用。但在音訊媒體中，重複手法卻相當有效。

例如，在電視劇中，如果一個老闆在辦公室裡對部屬說：「查一下這個月的銷售情況。」一部屬在聽到指令後卡嗟卡嗟的敲著鍵盤，觀眾看到這一幕就知道發生了什麼事。

然而，在廣播劇中，主管對部屬發出同樣指令，這時如果突然傳來卡嗟卡嗟聲，聽眾一定搞不懂現在怎麼了。但如果主管在下指令之前，就有卡嗟卡嗟的背景音，聽眾就能知道某人正在使用電腦，而主管是下指令給這位正在使用電腦的人，並且離這個人很近。

讓聽眾事先聽到作品中的聲音，他們更容易跟上劇情，並預測未來發展，持續沉浸在故事中。

在廣播劇中使用重複手法，能讓聽眾預測接下來會發生什麼事。如果猜對了，就會提高觀眾的興趣，也能更容易理解新訊息。

讓聽眾直覺反應的聲音符號

當聽眾聽到特定聲音時，會從過去的經驗喚起特定印象，這被稱為預示效果，這是指人們先前受到的知覺刺激（資訊），會在潛意識中影響後來的行為。能喚起特定印象的聲音被稱為聲音符號，聲音符號被廣泛使用在廣告和行銷領域中，並用於各種表現形式。

例如，當你聽到「劈哩啪啦」燒柴火的聲音時，腦海中會想到什麼場景？相信多數人都會浮現四周一片漆黑，只有焚火周圍很明亮的畫面。也就是說，就算不向聽眾說明，他們僅僅聽到劈哩啪啦聲，便能浮現出特定場景。貓頭鷹的叫聲也有類似效果，牠的聲音能讓人想到昏暗的場景，並讓聽者（主角）感到不安。

遊戲中的電子音效就是大家最熟悉的例子，這些設計良好的電子音效，能讓玩家直覺了解自己是得到積分還是失去積分。

如上所述，聲音符號可以在潛意識中協助聽眾搞懂劇情。

也可以用來描寫空間

人類可以透過聲音感知空間，因此在製作廣播劇時，必須讓作品世界中的聲音更貼近人們的現實生活，讓他們能靠聲音理解廣播劇中的空間配置。如果空間配置安排得不夠精準，聽眾就會混亂。利用聲音描繪空間，不僅僅是表現出角色間的位置關係，還要準確的展現出主角周遭的所有物品配置，例如門、家具等物品。

製作者如何展示主角在劇中聽到的一切，這點非常重要。舉例而言，當我們要用聲音描繪主角與音源的距離時，音源位置會大大改變描寫狀況與意義。比如，如果一扇拉門在主角面前打開，音源就應該在主角的前方；如果一件物品從主角的左邊移動到右邊，製作者也必須依照移動方向製作音效，否則聽眾無法投入。

如果故事場景在室內，製作聲音時則必須考慮到房間大小。例如，當主角聽到微波爐發出叮的通知音時，在三房兩廳聽到的音量，會和在單人套房聽到的不一樣。如果主角住在單人套房，微波爐的聲音卻聽起來很遙遠，可能會讓聽眾覺得怪怪的。

手機提示音也是，使用時要注意是從哪裡發出來。如果手機是在褲子的口袋或手提包內，提示音則要聽起來有隔一層布料的感覺才有真實感。這些聲音的表現形式依靠現代技術不難實現，只要有留意作品世界中的空間，就可以簡單做到。而空間描寫出現些微破綻，聽眾就會失去興趣。

在廣播劇中，當觀眾與主角視角一致時，在描繪空間上，就必須注意主角所在位置的環境音，與主角實際聽到的聲音其實不一樣，這兩種聲音之間有所區別。

主角所在地的環境音，是指主角周邊及該空間的聲音，與主角實際聽到並不同。例如，如果主角正在講電話，那他實際聽到的會是電話另一端的聲音；如果主角正在看電視，實際聽到的便是電視聲。

在影視劇和小說中，觀眾或讀者能清楚知道主角在哪，但廣播劇不一樣，所以要特別小心處理聲音。觀眾可以試著想像廣播劇的主角正在打電話，如果突然傳來打破玻璃的聲音，聽者會想到兩種可能：主角所在的地方有玻璃碎了，還是電話另一端傳來的。

在上述情況，聲音可以有兩種表現，而聽者會想像出兩個空間，因此製作者可以有意識的針對此來刻畫。這種技巧是音訊媒體中獨特的表現手法。

不要加入回憶場景

回憶是戲劇中慣用的場景切換手法，在某些情況下，回憶場景的地點還會因當前劇情而有所不同。然而，在音訊媒體中使用這類技巧卻會出問題。對聽眾來說，只靠聲音難以察覺場面已從現在切換為過去，可能會造成聽眾混亂。例如，如果要將《一千零一夜》（*One Thousand and One Nights*）製作成廣播劇，相信各位就能明白在廣播劇中，很難安排回憶場景。

《一千零一夜》是在講波斯帝國的大臣女兒山魯佐德（Scheherazade）給國王講了幾百個大大小小的故事。

波斯帝國的國王被妻子背叛，出於報復，他每天都會殺死和她共度良宵的女性。當輪到山魯佐德時，她每個晚上都會講童話或傳說給國王聽，每當講到精彩之處，天就剛好亮了，國王為了繼續聽後續，才沒有殺死她。就這樣，山魯佐德每晚都會說故事，這樣的日子持續了約三年，最後，國王對女人的不信任感終於消失。

為什麼《一千零一夜》很難做成廣播劇？因為僅靠聲音，很難區分童話和傳說故事的場面，與國王和山魯佐德的場景，導致聽者視角無法保持在作品內的某個角色。

如果把視角設定為山魯佐德，當山魯佐德在講故事時，視角又會發生變化；如果將視角設定為童話或傳說故事中的主角，那麼在描寫國王和山魯佐德時又會出現問題。從人類的認知結構角度來看，上述描寫都會讓聽眾跟不上劇情，且不容易讓人掌握故事中的世界觀。

每當廣播劇進入回憶場景，聽眾則必須讓自己跳脫出原本的劇情，並穿梭在過去與現在的劇情間，很不友善，因此在音訊媒體中，要盡量避免穿插回憶片段。雖然有人會在登場人物的臺詞中加入一些巧思來解決，但效果也有限。

旁白反而很干擾

小說中有非對話的劇情文字，用於解說劇情。廣播劇中有時也會加入旁白來說明劇情，**但其實應該極力避免使用**，因為它會讓聽者出戲。

當故事是以主角視角進行時，如果突然出現旁白，聽眾的注意力便會被打斷，導致無法全心投入在廣播劇中。影視劇在切換場景時，能靠簡短旁白幫助理解情況，但在廣播劇中則得捨棄，並利用其他方式協助釐清劇情。

假設主角從教堂或體育館等大型建築物走到戶外。

在大型建築物中談話和在戶外，回音完全不同，如果在關門聲之後，交談時沒有回音的話，即使沒有旁白輔助，觀眾也可以理解主角移動到了外面。

出於相同原因，廣播劇中也該避免主角獨白。獨白是主角將自己的感受化為文字的表現方式，是靠非對話的文字記述主角的想法。但音訊媒體的世界是藉由主角聽到的聲音來建構世界觀，並傳達給聽眾，因此，在廣播劇中加入主

製作廣播劇時，須保持主角與聽者的視角一致

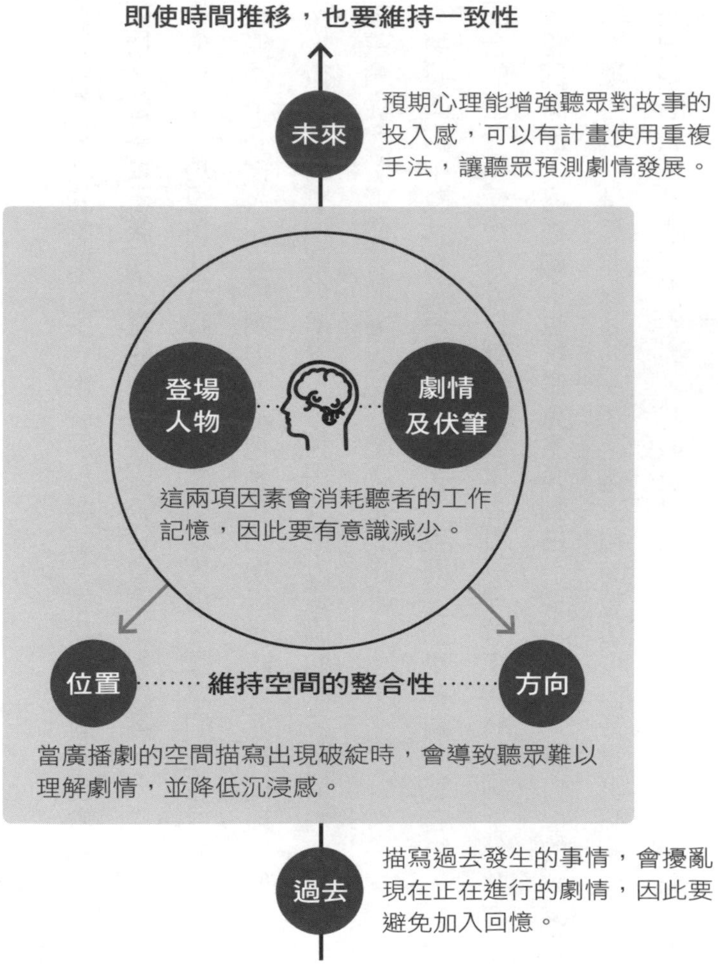
即使時間推移，也要維持一致性
未來
預期心理能增強聽眾對故事的投入感，可以有計畫使用重複手法，讓聽眾預測劇情發展。
登場人物
劇情及伏筆
這兩項因素會消耗聽者的工作記憶，因此要有意識減少。
位置
維持空間的整合性
方向
當廣播劇的空間描寫出現破綻時，會導致聽眾難以理解劇情，並降低沉浸感。
過去
描寫過去發生的事情，會擾亂現在正在進行的劇情，因此要避免加入回憶。

角獨白，等於是讓聽眾從兩個視角來了解劇情，這會擾亂聽眾。

長度控制在二十分鐘內

影視媒體和音訊媒體的最佳長度是多少？這兩者的最佳長度完全不一樣。

觀眾在觀看影視媒體時，可以從畫面上挑選自己想關注的點，製作者也是以這樣的前提製作影片中的訊息結構，這使得觀眾在觀看時不用過度集中精神，便能長時間觀看一段影片（與觀眾是否專注於內容無關）。

當聽眾在收聽音訊媒體時，它所傳達的訊息是某一個特定的主題，需要全神貫注才能理解內容，因此，音訊媒體是在強迫聽者集中注意力。這種強制力有時會帶來很高的學習效率，但會比觀看影片更感疲累。

除了上述關於聲音認知的問題之外，還有另一個問題，就是**人們沒有時間聽音訊媒體**。許多人都是利用通勤、睡前等短暫的空閒時間，因此過長的內容觀眾反而不想聽。

基於以上兩點，**將音訊媒體的長度設定在十五至二十分鐘最剛好**。如果超過了，則應該分集，且不要塞入過多資訊。

埋伏筆好嗎？不好

電影或小說中經常埋有伏筆。相信許多人在看完或讀完一個故事後，都有「啊，原來那是伏筆啊」的感受。伏筆能讓故事更有趣，但在音訊媒體中，它是一種負擔。

先前介紹過，人類在認知、理解聲音時，會使用一種稱為工作記憶的短期記憶。工作記憶就像大腦的工作臺，我們會在上面放置各種目前正在認知的東西，大腦依此為線索，搜尋自身的記憶並思考。

但是，**工作記憶的容量很小，無法同時放置太多東西**，所以人類無法記住大量聲音訊息。因此，當製作者在劇本中安排伏筆等相關事件或資訊，並預期在未來收回時，務必要反覆提醒聽者「有伏筆」。

例如，如果要安排與主線故事並行發展的支線故事時，不要讓支線故事過於複雜，在編排劇情時，不僅要減少聽眾必須記住的事項，還要想辦法縮短記住這些事的時間。

在主線劇情進入下一個階段之前，創作者必須將支線劇情收尾。減少與主線故事不太相關的事件數量，在短時間內盡快結束這些單一事件，能讓聽眾聽懂劇情。如果製作者不打算在短時間內收回伏筆，就必須在某個時間提醒聽眾。提及先前所埋的伏筆位置和內容，也是有效的做法。

各位或許會想：「在劇情中說明這麼多，不會讓聽眾發現這是一個伏筆嗎？」的確是如此。所以，製作廣播劇時，需要使用高超的技術，在反覆提醒聽眾伏筆的同時，又不能讓他們意識到伏筆的存在。

如此一來，廣播劇無可避免的容易變得冗長，伏筆原先的趣味性也會隨之降低，很多時候，直覺敏銳的聽眾途中就會發現。在製作廣播劇時，製作者必須考慮以上要素，巧妙安排。

必須讓聽眾更直觀的了解內容

音訊媒體的關鍵是減少資訊量。雖然加入的資訊越多，越能增加作品的真實感，但聽眾反而更難以掌握作品的世界觀。

假設你想利用聲音製作一個觀光主題的內容。在編排聲音時，如果製作者手邊有相關資料，通常會把上面的資訊全部加進去，如此製作出的聲音內容除了時間太長之外，資訊密度也過高，導致聽眾即使認真聆聽，最後卻什麼都記不得。

說明性文本，通常會使用簡潔且不重複的邏輯結構記載內容，並盡可能納入眾多資訊。但是，在使用聽覺體驗的情況下，製作者需要用更直觀的方式告訴聽眾。

在音訊媒體中，比起資訊量，更重要的是體驗。也就是說，製作者的焦點應該放在，如何讓聽眾感受到某個場所發生的事件與意義。

假設連續劇的主角站在一個高達三十公尺的斷崖峭壁上。如果是透過影像，觀眾一眼就能看出懸崖有多高，但如果是靠聲音，就必須有所說明。然而，即使向聽眾說明「懸崖有三十公尺高」，也無法讓人瞬間感受到懸崖的高度和恐懼感。相反的，如果這樣講：「在這麼高的懸崖上失足，絕對是死路一條。」聽眾反而能想像。

對於聽眾來說，意義比表面資訊更重要。

用環境音區分世界；靠抽象音描寫狀況

接下來，我們將介紹臺詞以外的聲音要素。

我們將所有音效分為以下四種類型：外界音、環境音、抽象音、樂曲音（背景音樂）。在此將優先介紹容易理解的環境音和抽象音，下一節才說明外界音和樂曲音。

1. 環境音

環境音是指主角所在位置的環境聲音，也就是主角周圍的聲音。

環境音能讓觀眾了解主角的確切位置，如同先前所述，要靠聲音描寫空間結構時，製作者必須確實掌握空間本身，以及物體與人物之間的位置關係。

此外，環境音也具空間切換的作用。什麼是空間切換？空間之間存在分界線，一種是現實世界和作品世界之間的分界線，另一種是作品世界和主角所想像的世界之間的分界線。假設劇中主角正在打電話，對於主角來說，電話的另一端就是主角想像的世界。

製作者在設計聲音時需要加入一些巧思，讓聽眾能區分現實世界和作品世界，具體來說，製作者可以適度加工作品中的自然音，削弱其真實感，將劇中世界的特殊性傳達給聽眾；另一種方法則是透過特定音效，讓人想起某個場景，也就是先前介紹過的聲音符號，燒柴火就是一種。

為了讓聽眾區分作品世界和主角所想像的世界，製作者在描繪空間時，必須讓聽眾理解作品世界中的空間差異。舉例來說，電話另一端的位置距離主角較遠，那麼該場所的聲音，一定會與主角所在位置的聲音不同，這時可以有意識的將電話另一端的聲音些微加工處理，便能有效讓聽眾識別兩個世界。

2. 抽象音

抽象音是不存在於現實世界的音效，通常用於描寫某種狀況。

抽象音經常用於音訊媒體中，漫畫中的擬聲擬態詞也屬於此類。但正如剛剛所說，現實中不會有抽象音，因此，使用此來描寫情境雖然很容易懂，卻會讓聽眾強烈意識到這是一個創作的世界。也就是說，過度使用抽象音會削弱作品的真實感，讓聽者無法沉浸在其中。

在使用之前，製作者應該先思考有沒有其他替代方案，像是可以嘗試使用環境音、聲音符號或旁白解說取代。

到目前為止，我們都是從人類認知的觀點，探討該如何製作優良的聲音內容，**其中最重要的是，製作者必須在下一個劇情或場景到來之前，提前讓聽眾知道接下來會發生什麼事**。

各位可能會想：「這樣不會很無趣嗎？」但如果聽眾無法跟上劇情，將會打斷聽者聆聽作品的思維，而這是做音訊媒體最害怕的一件事。

推理作品就是一種，如果聽的人比劇中人物更早發現答案，當劇情解開謎底時，聽者就會有一種「果然，跟我想的一樣」，並認真聆聽接下來的推理和解謎橋段。

在製作時可以活用上述機制，創造音訊媒體特有的故事。例如，刻意讓聽眾誤判，並在廣播劇結尾來一個大轉折，像是在故事結尾揭示主角其實具有多重人格。在編排劇情時，可以安排只有主角能聽到，但其他出場人物都聽不到的聲音，由於只有主角聽得見，因此在與其他角色溝通時，會出現矛盾之處，製作者可以在其中安排數個相關伏筆，並一直維持這樣的設定，直到結尾再公布答案。

為了實現這類表現形式，我們必須補足聲音認知的方法論。

3 語音導覽系統如何設計

隨著無線耳機的普及，利用聲音向用戶傳遞資訊的介面，將在未來變得更加普遍。

語音導覽系統就是一種，汽車導航、博物館等設施的語音導覽、Siri 等簡便的導覽系統皆屬此類，我們在日常生活中經常會使用上述語音導覽功能。再隨著AR（擴增實境）等科技技術發展，體驗式媒體也隨之增加，導覽功能更不可少。

在設計語音導覽時，最需要注意的是內容是否簡單易懂。正如我們先前所介紹的，僅靠聲音傳遞資訊，遠比大家想像的還要困難，導覽所提供的資訊量越少，聽者越容易理解。

事實上，在同樣的學習時間下，比起靠視覺學習，利用聽覺學習的成效其實更高，但就接觸的資訊量來說，聽覺卻不如視覺。人類可以一眼就獲得許多資訊，卻無法靠聽的同時吸收大量訊息，因此，利用聲音傳遞大量資訊很不切實際。

人類會將接收到的訊息暫時儲存在工作記憶中，**一旦超過容量上限，人們就會對該音訊媒體產生負面情緒**。當人們接收的資訊量超過工作記憶的容量時，便會失去注意力，陷入聽也聽不懂的狀態，人們討厭撥打語音客服電話正是出於此原因。

各位可能會認為製作聲音相關內容時，篩選資訊很正常。但當實際製作時，卻又無法捨棄。

人可以選擇看什麼，因此透過視覺傳達的媒體，經常會提供多種資訊讓人們自行選擇感興趣的內容。例如，旅遊手冊絕對不會只記載一件最重要的資訊，手冊內容五花八門，以應對各個客層的需求。在視覺內容的設計中，比起傳達，讓人們選擇自己感興趣的資訊更重要。但將視覺資訊轉換為聲音時，資訊量反而更多。

因此，**比起塞入各式各樣的資訊讓聽者選擇，更應該思考，聽眾能藉此獲得什麼樣的資訊與體驗**。音訊媒體的價值並不在資訊量的多寡和訊息的豐富程度，而是聽眾得到的體驗。

指示前後左右，看起來簡單其實很難

在導覽系統中，最重要的是用戶的主觀視角，也就是人們常說的用戶視角，但實際開發導覽系統時，要維持主觀視角不是一件容易的事。

根據訊息的傳達方式，用戶對內容的理解，可能會與製作者原先的意圖不同，開發時必須盡可能降低用戶誤解的可能。在本章節中，我們將探討該如何避免發生此情況。

導覽系統必須指示方向才能引導用戶，因此在設計時，必須注意前、後、左、右等詞語的用法。因為從製作者的角度來看，向右轉其實用戶要向左轉，而向左轉則是向右轉。

然而，現在的汽車導航在引導用戶時，都是直接指示向左轉或向右轉，且不會發生誤解，是因為大家都知道導航指示的對象並不是駕駛者，而是車體本身，因此指示的方向不會隨主觀視角而改變，相信有在使用汽車導航的人都能理解。另一方面，如果用戶是用耳機等穿戴式設備使用導航，而導航發出向左或向前等指示時，會讓用戶感到不自然。

現代科技發達，除了頭戴顯示裝置之外，無線耳機也可以同步捕捉用戶的頭部方向，因此在技術上，導航可以根據用戶頭部的方向，靈活改變左、右、前、後的指示，但還是會有延遲的時候，且會讓用戶感覺指示不夠明確，因此該系統目前還無法順利實現。

基於上述原因，導航系統應謹慎的指示方向，具體來說，系統在指示方向時，不應單純給出向右的指令，而是要讓用戶知道是「行進方向的右側」，這樣將能避免用戶搞混。但如果每條指令都強調的話，又會讓指令過於冗長，導致使用者感到不耐煩。

碰到這種情況，製作者可以在導航的指示中，加入識別的標的物，例如，讓用戶注意「前方某處的電線杆」，將遠方的電線杆作為指示方向的標的物。如果想讓用戶知道距離某個場所有多遠，則可以發出「在前方的電線杆之前」等指示，讓用戶知道目的地是在標的物的前方還是後方。

然而，想在導航指示中加入特定位置的標的物，就需要縝密的資訊和驗證。雖然這種方法費時費力，卻能有效解決導航系統中的諸多問題，如果條件允許，製作者應該積極導入相關方法。

在未來，隨著科技進一步發展，導航系統的即時指示將可能包含某場所的特徵，實現這樣的技術將指日可待。

精準使用這裡和那裡

人們經常會使用「這裡」和「那裡」來表示場所位置。雖然平時在使用時不會思考太多，但在做導覽系統時，要能精準區分。許多人可能認為這只是小問題，但其實是一個重要課題。

目前，語音導覽系統大致可分為兩種類型，一種是無所不知的引導型語音導覽，另一種則是協助用戶的輔助型語音導覽。

以介紹設施的系統為例，引導型語音導覽具有該設施的詳細資訊，並會依此帶領用戶認識設施；輔助型語音導覽和用戶是處於相同立場，皆是第一次到訪該設施，當用戶在聆聽導覽時，會在潛意識中透過內容識別該導覽系統屬於哪種類別。

根據不同系統類型，「這裡」和「那裡」的使用方法也會有所改變。如果製作者搞錯這兩種詞語的用法，用戶將會錯亂，並放棄使用。

通常，當人們說這裡，是在指自己熟悉的位置。例如，如果你因為腳痛去看醫生，醫生詢問你「哪裡會痛」時，你應該會回覆「我這裡會痛」，而不會說「我那裡會痛」。

同理，當導遊在向遊客介紹設施時，由於該設施對導遊而言是熟悉的場所（自己的領域），因此導遊在促使遊客前往某個位置時，絕對不會說「請到那裡」，而是說「請到這裡」。也就是說，當熟知當地環境的人在導覽時，通常會說「這裡」，而不是「那裡」。

然而，現在許多導覽系統的方向用語經常一團糟。如果製作者對該設施並不是很熟悉，經常會不自覺使用「那裡」，如此一來，大部分的用戶在聆聽時，會覺得哪裡怪怪的；相反的，在輔助型語音導覽中，由於該導覽系統與用戶皆是第一次造訪該設施，因此系統中的方向用語會使用「那裡」。也就是導覽在指示方向時，會說「請到那裡」，而不會講「請到這裡」。

近期，體驗式的音訊媒體不斷增加，如果製作者無法精準使用方向用語，用戶將無法沉浸其中。

「這裡」和「那裡」是用於表示場所的詞，為了使用這些詞語，導覽系統必須明確知道標的物在哪裡。

那麼我們又該如何使用「這邊」和「那邊」呢？如果有人問你：「你要去那邊嗎？」為了理解對方是指哪裡，你必須根據先前的對話進行推測。在語音導覽中，如果使用這種必須參考先前對話才能理解是哪裡的指示，會讓聽者難以理解。

告訴用戶：「暫時踏出門。」

設計語音導覽系統時，最常見的做法是用最低限度的詞語。但這會帶給用戶一種非常機械化的印象。語音導覽必須讓用戶覺得很自然，因此，在導覽指示中，應該包含用戶過去已知和未來應該知道的相關資訊。

「暫時」就是一個經典例子。

如果聽到「請暫時踏出這扇門」的指示，聽眾應該能理解，出了這扇門後，需要再次從這扇門返回原地。也就是說，這項指示同時包含了未來的行動資訊。同樣的道理，「請再次踏出這扇門」則是包含了用戶過去的體驗。

在指示中加入過去和未來的資訊，可以降低用戶的認知負荷，使用戶能更容易、順利聽清楚內容。

如果導覽系統只發出「踏出這扇門」的指示，用戶會感到奇怪，他們會想：「導覽要我做跟之前一樣的動作，這樣對嗎？」

如果製作者知道用戶接下來會返回原先的地點，就必須先**透過指示預先將未來的資訊告知用戶**，**讓使用者方便處理資訊**。這個課題很重要，製作者在設計語音導覽時必須多加注意。

讓使用者知道沒走錯路

在設計導覽系統時，必須讓用戶能時刻感覺到系統有在正常運作。

其實，用戶在使用導覽系統時經常會很不安，他們會擔憂系統是否有正常運行、是否有遵循自己的指示，然而，製作者經常會忽視這一點。為了消除使用者的不安，製作時必須留意，要讓用戶知道系統是否有正常運轉。

例如，當電腦停止運作時，只要出現沙漏標誌，使用者就會知道系統只是忙線中，雖然暫時無法接受指令，但電腦仍在正常運作。

許多聲音的相關服務會播放背景音樂，表示系統有正常運轉。但是，這種方法不是很有效，因為很可能會引發不注意盲視的現象。

當人類在一段時間內習慣了同樣刺激，反應就會變遲鈍，該現象稱為不注意盲視。

例如，當持續播放背景音樂時，即使用戶在一開始有注意到，但很快就不會有感覺。一旦陷入這種狀態，不只是背景音樂，用戶對所有聲音的反應可能都會變得遲鈍。

為了避免上述情況，可以讓系統對用戶的些微動作產生反應，例如，以可穿戴式智慧型產品的情況來說，當用戶移動頭部時，系統可以適度發出反應音效，便可有效讓用戶了解系統沒有損壞。

此外，在創造系統訊息時，除了必備的指示和警告訊息外，製作者還需要製作系統有在正常運轉的通知，這是許多人在設計導覽系統時的盲點。

即便使用者是走在一條筆直的道路上，系統也要定時告知用戶「路線正確」、「行程順利」，讓用戶知道自己走的路是對的。用戶在使用導覽系統時，都是抱著懷疑、猶豫的心情在移動，因此系統必須要讓使用者知道自己走的路線沒有問題。

重複強調訊息，不怕漏聽

在語音導覽中，重複的手法很重要。我們之前曾告訴過大家，在製作聲音之外的媒體時，通常不建議使用，因為會導致內容過於冗長。

然而，聆聽音訊媒體時，一旦錯過就很難再次確認內容。因此，如果用戶知道訊息會重複播放，便能安心且專心聆聽。例如，當導覽指示用戶右轉時，不能只說一次「向右轉」，而是要重複好幾次。人類的認知很粗略，如果系統只發出一次指示，用戶即使認知到要轉彎，卻經常不記得是要左轉還是右轉。因此，系統要不斷重複指示，等到用戶右轉後再表示「路線正確」。

語音助理與系統的定位

在設計語音導覽系統的同時，也必須設計語音助理，並賦予其個性。

語音助理會透過訊息與用戶溝通，與使用者共享相同世界觀。正因如此，創造者建構了什麼樣的世界觀，會影響如何設計訊息。

導覽系統分許多種類，除了汽車導航外，還有AR導覽系統，甚至有的是以虛擬空間為舞臺。在此章節中，我們將使用「角色」的概念，介紹接下來的內容。

語音導覽的關鍵是不能讓聽者覺得不自然，為此，製作者必須明確分出現實世界和虛擬世界，而導覽系統的語音助理正是其中關鍵。接下來，我們將針對現實世界和虛擬世界的各種導覽組合進行探討。

1. 導覽的是現實世界，語音助理也是現實中的角色

在這種情況下，語音助理和用戶具有相同世界觀，先前有介紹導覽系統分為兩種形式，一種是引導型，另一種是輔助型。製作者要使用哪一種，對設定在現實世界的導覽系統來說很重要。

在過去，由於技術上的限制，用戶與這類導覽系統間並無法有效溝通，主要是以引導型的語音導覽為主。但現在，語音助理除了單方面發出指引功能外，還能提供幫助。

為了實現這一目標，導覽系統必須具備先進的感測技術以掌握用戶狀態，並靈活應對使用者發生的各種狀況。

隨著科技日新月異，過去的導覽系統已大幅進步，蛻變為現代人們所熟悉的語音助理，在這種趨勢下，輔助型語音助理更是逐年增加。雖然相關技術目前依舊不夠完善，但用戶已經可以和系統達成雙向交流。

2. 導覽的是現實世界，語音助理為虛擬角色

這類語音助理並不屬於我們的世界，在許多情況下，他們會是漫畫、動畫中品的角色。有些旅遊景點和設施會利用這些虛擬角色引導遊客，其中，東京上野公園使用《名偵探柯南》的人物來製作語音導覽就是一種。當語音助理是

虛擬角色時，製作者必須讓用戶理解，為何是由柯南帶領遊客認識上野公園。製作者是以用戶知道漫畫或動畫為前提製作內容，也就是說，導覽系統中會使用《名偵探柯南》的世界觀來引領用戶，如果能做到這一點，就可以引起消費者的共鳴。

需要注意的是，即便語音助理是動畫或漫畫中的角色，但該角色和用戶都是處在現實世界，**因此不該安排任何離奇古怪的事件**。製作者必須避免將作品中的事件帶入現實，只觸及用戶體驗的內容，如此才能確保體驗上的真實感。

3. 導覽的是虛擬世界，語音助理是現實角色

在這種情況下，用戶走訪實際的觀光景點時，會將虛擬世界體驗疊加在現實中。

雖說是虛擬實境（VR），但目前的虛擬世界主要還是利用AR擴展現實世界的體驗。所謂的AR，就是一種將CG製作的3D影像或角色，投影在現

實中的技術，例如，智慧型手機遊戲《Pokemon Go》，就是將寶可夢投影在現實。

在這種情況下，除了現實世界的語音助理之外，製作者還可以創造另一位虛擬角色，讓該角色解說虛擬世界，藉此強化這個世界的存在感。如此一來，用戶便能依靠上述兩個角色，同時體驗現實世界和虛擬世界。

其實，這種做法並不是為了呈現演出效果，而是出於結構原因，不得不將內容架構設定成這樣。無論是靠視覺還是聽覺，當用戶在體驗ＡＲ所建構的虛擬世界時，製作者必須優先考量使用者在戶外或設施內的行動安全。

假設，使用者一邊行走在日本城下町（按：日本的一種城市建設形式，只有領主居住的城堡才有城牆保護，平民居住的街道沒有），一邊體驗以戰國時代為舞臺的導覽系統，如果用戶必須穿越馬路時，導覽系統則必須站在現實世界的視角給予用戶指示。

在上述情況下，現實世界的語音助理會提供現實中的資訊，虛擬角色則提

如何設計導覽系統與語音助理的定位

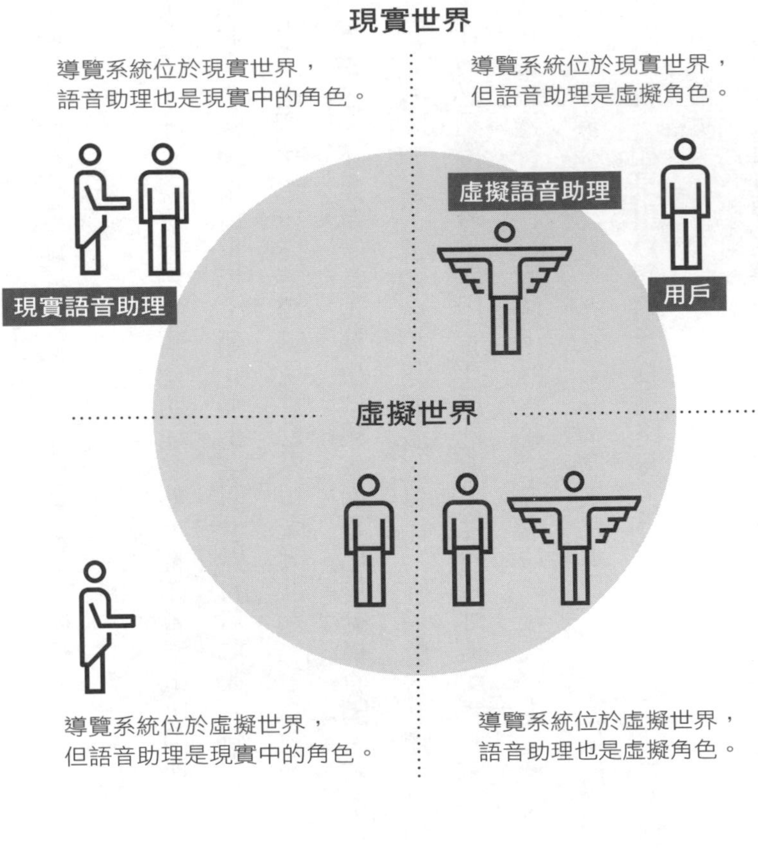
現實世界
導覽系統位於現實世界，
語音助理也是現實中的角色。
導覽系統位於現實世界，
但語音助理是虛擬角色。
虛擬語音助理
現實語音助理
用戶
虛擬世界
導覽系統位於虛擬世界，
但語音助理是現實中的角色。
導覽系統位於虛擬世界，
語音助理也是虛擬角色。

供虛擬世界的導覽資訊給用戶。上述兩種角色的工作分配可以取決於導覽內容，只要保持一致性，製作者可以自由設計，但應避免兩者之間進行交流，如果現實世界的語音助理和虛擬世界的角色能互動，用戶會無法分清楚兩個世界的分界線，則很容易錯亂。

例如，如果戰國武將跟用戶說「注意前方有斑馬線」，聽者會想「為什麼戰國武將會知道現代的交通規則」，導致無法專心聆聽接下來的內容。

戰國時代的角色只要負責介紹戰國時代的故事，當用戶要過馬路時，則由現實中的語音助理提醒即可。上述內容聽起來可能很理所當然，但在實際操作時，卻經常發生。

4. 導覽的是虛擬世界，語音助理也是虛擬角色

如果導覽系統和語音助理都存在於虛擬世界，製作者就不需要像第三項的導覽系統一樣，區分現實語音助理與虛擬角色，相對較容易保持世界觀的一致

性。但需要思考如何將用戶造訪虛擬世界的理由合理化，並讓虛擬世界的角色自然向現實世界的使用者介紹虛擬世界的世界觀。

此項目的語音導覽系統是四個項目中最難製作的，由於系統完全設定在虛擬世界，因此讓使用者在室外體驗時，可能會發生危險，為了確保安全，該體驗只能在特定設施和空間進行。也就是說，為了帶給用戶自然的體驗，能創造出這種導覽系統的場所非常有限。

發出訊息前，加上特定識別音

在導覽系統中，最重要的是如何讓用戶快速理解訊息。人類在理解某個事物時，會在潛意識中分類整理資訊，如果製作者活用此機能，用戶則能順利聽懂內容。具體來說，製作者必須事先將導覽系統中的訊息和聲音，依用途分為數個類別，用戶將利用聆聽的體驗，學習各種類別的聲音和資訊，如此一來，聽者將能更容易識別聲音和知道內容在講什麼。

使用識別音能有效提高人們的學習效率。

製作者先將訊息分類，並在系統發出訊息前，根據類別加上特定識別音。聲音廣告的聲音商標，和音訊媒體中能吸引人們注意力的聲音皆屬此類，雖然用途不同，但都具有相同效果。

創作者必須為每一種類別的訊息安排特定音效，使用者在學習一段時間後，將能利用該音效預測未來訊息。**如同先前所述，在聲音的世界裡，如果聽者能預測接下來可能發生的事，人們會更關注下一步的發展**。同時也將更輕鬆理解內容，提升對導覽系統的信任。

為了達成上述效果，識別音種類不應超過五種。

每種識別音都必須有明確的特徵讓用戶區分。此外，在製作識別音時，應該將識別音與人們日常生活中的警報聲、手機鈴聲等區分開來，避免搞混。

假設導覽系統中使用的手機鈴聲音效與實際的手機鈴聲相同，將導致用戶無法沉浸在導覽系統的世界中。雖然使用大家都熟悉的聲音，能有效讓人聯想，並幫助聽者了解意思，但這種做法有時會產生反效果，需要特別謹慎。

五種類型的訊息

為了讓用戶可以簡單理解資訊，製作者必須將系統內的訊息分類，這步驟非常重要。

訊息種類越少，用戶學習效果就越高。以下我們將以一般導覽系統為例，針對五種類型的訊息進行解說。

1. 要求用戶改變當前行為

當用戶在移動時，系統要如何透過語音訊息，指示用戶左轉、右轉，或是停止？

對使用者來說，在移動的狀態下不太會去注意訊息，當語音導覽需要吸引用戶注意力時，聲音是最有效的方式，簡單易懂的識別音，與重複播放訊息都可以。

此外，製作者可以在發出訊息前，安排背景音樂提醒，像是當用戶即將到達目的地之前，導覽系統可以播放音樂，讓用戶意識到「有事情要發生了」，之後系統便可中斷背景音，並通知用戶即將到達目的地，這種做法可以更有效吸引使用者。

2. 當用戶停在原地時，系統要求使用者採取行動

當用戶聽到指示時，當下並沒有移動，導覽系統要怎麼做，才能讓用戶實際行動？

一般來說，當用戶在等待導覽系統指示時，注意力會高度集中，但是，**導覽系統也必須提供一個合理的行動理由，才能說服用戶**。也就是說，語音導覽

不能單純說「開始行走」，而是要具體告知用戶「朝哪裡前進」、「該如何前往」。除此之外，**還必須明確傳達詳細資訊**，例如要走多遠，目的地在哪裡、為什麼要走這邊的原因。

製作者必須縝密設計導覽系統的指示，像是可以使用特定物體作為標的物。例如，如果語音導覽向用戶指示「前往前方十公尺處的電線杆」，這類明確指令可以提升用戶對導覽系統的信任，更容易相信並前往。

3. 要求用戶保持當前行動

接下來與前一項相反，導覽系統要要求用戶不要改變當前行動。

當用戶正朝著目的地移動時，導覽系統可以告知剩餘距離。在這種情況下，使用者不用改變自己的行為，因此指示對他們來說可有可無。

這種訊息看似不重要，**但剛剛講的，為了讓用戶確認導覽系統有在運作，是必要訊息**。有些人可能覺得就算漏聽，也不會造成太大影響。但是，當真的錯過訊息時，使用者又會擔心自己當下的行動是否正確。因此，導覽系統需要在句尾加上像是「繼續」或「保持」等詞語。

4. 傳達與用戶行為無關的內容

在此項目中，系統傳達的內容是在介紹某件事物，或是與用戶行動無關的其他訊息。例如，當用戶在走路時，系統介紹當地風景和名勝古蹟就屬此類。

此項目與第三項相同，導覽系統並不是要用戶改變行動，且給予的訊息與使用者當下的行為無關，所以就算不認真聆聽也沒有問題。倒不如說，製作者可以讓使用者明白這些訊息不重要，以緩解用戶聆聽資訊時的緊張情緒。

製作者可以刻意讓訊息聽起來很冗長，藉此讓用戶知道「不用太認真聽也沒關係」，而加入背景音樂的效果不錯，它可以降低用戶的緊張感，並讓人知道目前播放的訊息不重要。

在製作此類訊息時，需要特別留意資訊量。為了保持使用者的注意力，製作者有時反而會塞入過多訊息，結果增加用戶的認知負擔。設計者在創作時就必須想到，比起傳達資訊，語音導覽系統更應該讓用戶沉浸在內容氛圍中，資訊本身並不是那麼重要。

5. 發出警告通知

當用戶偏離指示或路線時，系統會發出警告，在五種類型的訊息中，此類訊息最重要。這種訊息看似簡單，但僅用聲音引導迷失方向的用戶回到正確路線上很難。

雖然系統可以簡單告知「用戶已偏離路線」，但之後如何讓使用者回到正確路線上又是另一回事。最簡單的方法是讓用戶「回到前一個目的地」，此外，導覽系統可以利用地圖等視覺的方式輔助。

提醒使用者的五種類型訊息

警告
打破用戶迷失方向時的正常化偏誤心理。

與用戶行動無關的通知
準確傳達訊息的優先順序。

要求用戶改變行動
喚起注意並傳達指示。

要求用戶保持當前行動
讓用戶保持行動並消除用戶的不安。

要求用戶採取行動
準確傳達要求，讓用戶快速採取行動。

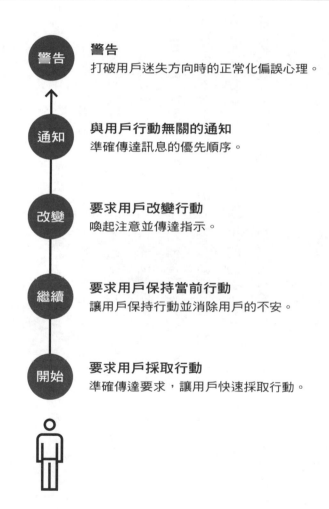

你得讓用戶聽得到外界聲音

在導覽系統中，音效和背景音樂，與聆聽過程中突然傳來的聲音都很關鍵。特別是在室外使用導覽系統時，上述聲音甚至會左右用戶安全。

先前已經說明環境音和抽象音。在本節中，我們將解說外界音和樂曲音。在製作導覽系統的聲音時，創作者必須以先前說明的環境音和抽象音為主，再將外界音和樂曲音也納入考量，以上述四種音效為基礎設計導覽系統。

外界音是指不包含音訊媒體中的所有外部聲音，講白就是耳機以外的聲音。由於這些聲音並不是音訊媒體所提供的內容，有些人或許會覺得沒有必要將外界音定義為聲音內容的設計元素，但是，考慮到用戶安全，製作者必須將外界音納入考量。

聲音可以讓人們掌握自己的周圍是否有人、車，因此在設計系統聲音時，不應該妨礙用戶聽到上述聲音。如果是室外體驗導覽系統，更需要讓用戶能充分聽到外界音，並與系統音效明確區分。因此，不建議使用過於逼真的聲音在導覽系統中。

如果用戶在導覽時，會經過建築工地等嘈雜的地方，噪音可能會干擾用戶的體驗。面對這種情況，如果製作者可以事先決定導覽路線，則可以嘗試避開較吵的路段。為了做到這一點，就必須事先走訪和調查。

令人印象深刻的外界音，有時會令用戶分神，例如，過去曾經有用戶聽到寺廟鐘聲而困惑，因為他們很難區分該聲音是外界音還是從導覽系統傳來。為了避免這種情況，要有所區分這兩種聲音。

盡量避免使用背景音樂

許多人時常未仔細思考，就隨興使用背景音樂，因此，必須提醒自己盡可能避免使用，盡量讓導覽系統即便沒有背景音樂，就能發揮作用。

我們在本章節的一開始就有提到，當設計者在製作導覽系統的內容時，必須留意不注意盲視所帶來的危害。如果持續播放背景音樂，用戶最後便會忘記有音樂這件事，對聲音的反應能也會變遲鈍。而且，用戶本人並無法避免發生這種現象，最終，便會讓用戶難以理解導覽內容。

為了避免這種情況，製作者需要選擇合適的場面播放背景音樂，並盡可能縮短播放時間。如果想讓用戶聆聽背景音樂，製作者則必須讓用戶知道目的為何，也就是說，只能在必要場合使用，除此之外則應避免。

如先前所述，系統持續播放背景音樂，無法讓用戶確認系統是否有正常運作。因此，當導覽系統的訊息之間出現空白處時，製作者不應隨意使用背景音樂來填補。

參考資料

- AccenturePLC（2017），《在這『漠不關心』的時代，獻給日本企業的處方箋》，https://www.slideshare.net/Accenture_JP/ss-79754137
- E.J. McCarthy. (1978). *Basic Marketing*: A Managerial Approach. 6th ed., Homewood, IL: Richard D. Irwin.
- 福井しほ（2021），〈用聲音傳遞存在感，Clubhouse 的到來，是必然而非突然〉，《AERA》2021 年 2 月 15 日號，朝日新聞出版
- 恩田晃（2021），《恩田晃與克里斯蒂安・馬克雷（Christian Marclay），音樂與藝術間的關係》，https://mikiki.tokyo.jp/articles/-/30517?page=4
- 日本心理學會，《為什麼邊講手機邊開車很危險？》，https://psych.or.jp/interest/ff-19/
- DigitalInFarct（2020），〈數位音訊廣告市場的規模，在二〇二〇年達十六億日圓，預計將於二〇二五年達到四百二十億日圓〉，https://digitalinfact.com/topics/release/3026
- 電通（2022），〈二〇二一年日本的廣告費用網路廣告媒體費用詳細分析〉，https://www.dentsu.co.jp/news/release/2022/0309-010503.html

- 電通（2022），《二〇二一年日本的廣告費用》，https://www.dentsu.co.jp/news/release/2022/0224-010496.html
- https://www.iab.com/news/digital-advertising-soared-35-to-189-billion-in-2021-according-to- the-iab-internet-advertising-revenue-report/
- 黑川伊保子（2004），《怪獸的名字為何有 GaGiGuGeGo》，新潮新書。
- Yorkston, E., & Menon, G. (2004). A sound idea: Phonetic effects of brand names on consumer judgments. *Journal of Consumer Research*, 31(1), 43-51.
- Pan, Y., & Schmitt, B. (1996). Language and brand attitudes: Impact of script and sound matching in Chinese and English. *Journal of Consumer Psychology*, 5(3), 263-277.
- Scott, L. M. (1990). Understanding jingles and Needledrop: A rhetorical approach to music in advertising. *Journal of Consumer Research*, 17(2), 223-236.
- Anand, P., & Sternthal, B. (1990). Ease of message processing as a moderator of repetition effects in advertising. *Journal of Marketing Research*, 27(3), 345-353.
- Wilde, A. D. (1995, June 23). Harley hopes to add Hog s roar to its menagerie of trademarks [Eastern Edition]. *Wall Street Journal*, p. B1
- Zhu, R., & Meyers-Levy, J. (2005). Distinguishing between the meanings of music: When background music affects product perceptions. *Journal of Marketing Research*, 42, 333-345.

- Milliman, R. E. (1982). Using background music to affect the behavior of supermarket shoppers. *Journal of Marketing*, 46(3), 86-91.
- Antonides, G., Verhoef, P. C., & van Aalst, M. (2002). Consumer perception and evaluation of waiting time: A field experiment. *Journal of Consumer Psychology*, 12(3), 193-202.
- McCabe, D. B., & Nowlis, S. M. (2003). The effect of examining actual products or product descriptions on consumer preference. *Journal of Consumer Psychology*, 13(4), 431-439.
- Zhang, S., & Schmitt, B. H. (2004). Activating sound and meaning: The role of language proficiency in bilingual consumer environments. *Journal of Consumer Research*, 31(1), 220-228.
- Crisinel, A., & Spence, C. (2010). A sweet sound? Food names reveal implicit associations between taste and pitch. *Perception*, 39(3), 417-425.
- Eimer, M. (1999). Can attention be directed to opposite locations in different modalities? An ERP study. *Clinical Neurophysiology*, 110(7), 1252-1259.
- Kuwano, S., Fastl, H., Namba, S., Nakamura, S., & Uchida, H. (2006). Quality of door sounds of passenger cars. *Acoustical Science and Technology*, 27(5), 309-312.
- Rocchesso, D., Ottaviani, L., Fontana, F., & Avanzini, F. (2003). Size, shape, and

material properties of sound models. In D. Rocchesso & F. Fontana (Eds.), *The sounding object.* Firenze, Italy: PHASAR.

- Kunkler-Peck, A. J., & Turvey, M. T. (2000、February). Hearing shape. *Journal of Experimental Psychology: Human Perception and Performance*, 26, 279-294.
- Lederman, S. J. (1979) Auditory texture perception. *Perception*, 8(1), 93-103.
- Ludden, G. D. S., & Schifferstein, H. N. J. (2007). Effects of visual-auditory incongruity on product expression and surprise. *International Journal of Design*, 1(3), 29-39.
- Zampini, M., Guest, S., & Spence, C. (2003). The role of auditory cues in modulating the perception of electric toothbrushes. *Journal of Dental Research*, 82(11), 929-932.
- Milliman, R. E. (1982). Using background music to affect the behavior of supermarket shoppers. *Journal of Marketing*, 46(3), 86-91.
- Milliman, R. E. (1986). The inf luence of background music on the behavior of restaurant patrons. *Journal of Consumer Research*, 13(2), 286-289.
- Milliman, R. E. (1986). The inf luence of background music on the behavior of restaurant patrons. *Journal of Consumer Research*, 13(2), 286-289.
- McDonnell, J. (2007). Music, scent and time preferences for waiting lines. *International Journal of Bank Marketing*, 25(4), 223-237.
- Dubé, L., Chebat, J., & Morris, S. (1995). The effects of background music on

consumers desire to affiliate in buyer-seller interactions. *Psychology and Marketing*, 12(4), 305-319.

- North, A. C., Hargreaves, D. J., & McKendrick, J. (1999). The influence of in-store music on wine selections. *Journal of Applied Psychology*, 84(2), 271-276.
- Areni, C. S., & Kim, D. (1993). The influence of background music on shopping behavior: Classical versus top-forty music in a wine store. *Advances in Consumer Research*, 20(1), 336-340.
- McFadyen, W. (2006, August 13). Manilow a secret weapon. *The Age* (Sydney Australia).
- Morris, S. (2005, November 3). Classical deterrent in store for loitering youths. *The Guardian*.
- Mehrabian, A. (1972). *Nonverbal communication*. Chicago: Aldine-Atherton.
- Bond, R. N., Welkowitz, J., Goldschmidt, H., & Wattenberg, S. (1987). Vocal frequency and person perception: Effects of perceptual salience and nonverbal sensitivity. *Journal of Psycholinguistic Research*, 16(4), 335-350.

  Brown, B. L., Strong, W. J., & Rencher, A. C. (1973). Perceptions of personality from speech: Effects of manipulations of acoustical parameters. *Journal of the Acoustical Society of America*, 54(1), 29-35.
- Apple, W., Streeter, L. A., & Krauss, R. M. (1979). Effects of pitch and speech rate on

personal attributions. *Journal of Personality and Social Psychology*, 37(5), 715-727.

- Brown, B. L., Strong, W. J., & Rencher, A. C. (1973). Perceptions of personality from speech: Effects of manipulations of acoustical parameters. *Journal of the Acoustical Society of America*, 54(1), 29-35.
- Ekman, P., Friesen, W. V., & Scherer, K. R. (1976). Body movement and voice pitch in deceptive interaction. *Semiotica*, 16(1), 23-27.
- Gelinas-Chebat, C., & Chebat, J. (1992). Effects of two voice characteristics on the attitudes toward advertising messages. *The Journal of Social Psychology*, 132(4), 447-459.
- Miller, N., Maruyama, G., Beaber, R. J., & Valone, K. (1976). Speed of speech and persuasion. *Journal of Personality and Social Psychology*, 34(4), 615-624.
- LaBarbera, P., & MacLachlan, J. (1979). Time-compressed speech in radio advertising. *Journal of Marketing*, 43(1), 30-36.
- Moore, D. L., Hausknecht, D., & Thamodaran, K. (1986). Time compression, response opportunity, and persuasion. *Journal of Consumer Research*, 13(1), 85-99.
- Ohala, J. (1981). The nonlinguistic components of speech. In J. K. Darley (Ed.), *Speech evaluation in psychiatry*. NewYork: Grune and Stratton.
- Peterson, R. A., Cannito, M. P., & Brown, S. P. (1995). An exploratory investigation of

voice characteristics and selling effectiveness. *Journal of Personal Selling and Sales Management*, 15(1), 1-15.

- Peterson, R. A., Cannito, M. P., & Brown, S. P. (1995). An exploratory investigation of voice characteristics and selling effectiveness. *Journal of Personal Selling and Sales Management*, 15(1), 1-15.
- Brown, B. L., & Bradshaw, J. M. (1985). Towards a social psychology of voice variations. In H. Giles & R. N. St. Clair (Eds.), *Recent advances in language, communication, and social psychology.* London: Erlbaum.
- Oksenberg, L., Coleman, L., & Cannell, C. F. (1986). Interviewers voices and refusal rates in telephone surveys. *Public Opinion Quarterly*, 50(1), 97-111.
- Oguchi, T., & Kikuchi, H. (1997). Voice and interpersonal attraction. *Japanese Psychological Research*, 39(1), 56-61.
- Allport, G., & Cantril, H. (1934). Judging personality from voice. *The Journal of Social Psychology*, 5(1), 37-55.
- Aronovitch, C. D. (1976). The voice of personality: Stereotyped judgments and their relation to voice quality and sex of speaker. *The Journal of Social Psychology*, 99(2), 207-220.
- Krauss, R. M., Freyberg, R., & Morsella, E. (2002). Inferring speakers physical

attributes from their voices. *Journal of Experimental Social Psychology*, 38(6), 618-625.

- Addington, D. W. (1968). The relationship of selected vocal characteristics to personality perception. *Speech Monographs*, 35(4), 492-503.
- Salamé, P., & Baddeley, A.D. (1982). Disruption of short-term memory by unattended speech: Implications for the structure of working memory. *Journal of Verbal Learning and Verbal Behavior*, 21(2), 150-164.
- Ziegler, J. C., Montant, M., & Jacobs, A. M. (1997). The Feedback consistency effect in lexical decision and naming. *Journal of Memory and Language*, 37(4), 533-554.
- Keller, K. L., Heckler, S. E., & Houston, M. J. (1998). The effects of brand name suggestiveness on advertising recall. *Journal of Marketing*, 62(1), 48-57.
- Klink, R. R. (2003). Creating meaningful brands: The relationship between brand name and brand mark. *Marketing Letters*, 14(3), 143-157.

國家圖書館出版品預行編目（CIP）資料

人氣網站幕後的感官操作：影片的某個聲音出現，你就從想跳過，變成把產品介紹看完？視覺、聽覺、臺詞怎麼整合？日本 TBS 電臺媒體研究機構所長幫你解析。／堀內進之介、吉岡直樹著；林佑純譯. -- 初版. -- 臺北市：大是文化有限公司，2023.06
320 面；14.8×21 公分. --（Biz；428）
ISBN 978-626-7251-90-4（平裝）

1. CST：網路行銷　2. CST：市場學
3. CST：感覺生理

496　　112004581

Biz 428

人氣網站幕後的感官操作

影片的某個聲音出現，你就從想跳過，變成把產品介紹看完？
視覺、聽覺、臺詞怎麼整合？日本 TBS 電臺媒體研究機構所長幫你解析。

作　　者／堀內進之介、吉岡直樹
譯　　者／林佑純
責任編輯／林盈廷
校對編輯／許珮怡
美術編輯／林彥君
副 主 編／馬祥芬
副總編輯／顏惠君
總 編 輯／吳依瑋
發 行 人／徐仲秋
會計助理／李秀娟
會　　計／許鳳雪
版權主任／劉宗德
版權經理／郝麗珍
行銷企劃／徐千晴
行銷業務／李秀蕙
業務專員／馬絮盈、留婉茹
業務經理／林裕安
總 經 理／陳絜吾

出 版 者／大是文化有限公司
臺北市 100 衡陽路 7 號 8 樓
編輯部電話：（02）23757911
購書相關資訊請洽：（02）23757911 分機 122
24小時讀者服務傳真：（02）23756999
讀者服務 E-mail：dscsms28@gmail.com
郵政劃撥帳號：19983366　戶名：大是文化有限公司

法律顧問／永然聯合法律事務所
香港發行／豐達出版發行有限公司 Rich Publishing & Distribution Ltd
地址：香港柴灣永泰道 70 號柴灣工業城第 2 期 1805 室
Unit 1805, Ph. 2, Chai Wan Ind City, 70 Wing Tai Rd, Chai Wan, Hong Kong
電話：21726513　傳真：21724355
E-mail：cary@subseasy.com.hk

封面設計／林彥君
內頁排版／顏麟驊
印　　刷／鴻霖印刷傳媒股份有限公司

出版日期／2023 年 6 月初版
定　　價／新臺幣 390 元（缺頁或裝訂錯誤的書，請寄回更換）
I S B N／978-626-7251-90-4
電子書ISBN／9786267251881（PDF）
9786267251898（EPUB）